阅读成就思想……

Read to Achieve

成功的要素

打破失败定式的16条法则

[美] 西蒙·雷诺兹 著　　万丽 译
（Siimon Reynolds）

Why People Fail

中国人民大学出版社
·北京·

前 言

WHY PEOPLE FAIL
The 16 Obstacles to Success and
How You Can Overcome Them

关于成功的著作有成千上万，可讨论失败的书籍却寥寥无几。

掌控失败是完成目标、达成希望与实现梦想的关键步骤。

毕竟，成功往往只是一瞬间——目标已经实现，很快就会被新的目标所取代，而失败却常伴志存高远之人，有时困扰我们几个月、几年，甚至几十年，直到最后目标实现。

但凡成功之人，理解和克服失败是必需的。从教育体制中，人们永远无法认识到什么是失败。学校教授的是地理、历史、数学公式，以及晦涩难懂并且难有实际应用的科学真相。有多少人在多年的教育经历中，学到了如何克服障碍去实现目标呢？毫无疑问，认识失败是传统教学中缺失的重要一课。

这正是本书所要阐述的内容。我会探讨各种领域导致失败的主要原因，揭秘克服失败的解决方案，力求帮你创造成功、幸福的生活。

我行，你就行

我真希望能说自己生来就是成功的人，可事实恰恰相反。我读书的时候成绩很差。说真的，不是一般地差。曾记得连学校校长都多次暗示我前途无望。他甚至还在一张期末成绩单上写了这样一句话："如果情况没有好转，我认为西蒙最好转学。"天啊！

你可以想象，那几年真是糟透了。此时此刻，回想当年，如果当时我明白成功和考高分的诀窍，一定可以在班上名列前茅（在学校里也会过得很开心）。我在本书中要透露的就是这些诀窍。

后来，我做了一个重大决定，并且一直坚持了下来——这是我人生的重大转折点。这个决定就是我再也不愿忍受平庸、碌碌无为。我决定要成为一个克服失败的专家，因为失败使我大部分少年时光都生活在阴影之下。

于是，我开始读书。一本、两本、十本、一百本、一千本——这些书都是讲述人们如何变得更优秀、更成功的。我读了很多传记、励志书籍、心理指导手册、科学日志等。凡是关于人类思维方式、如何能提高自身素养的书籍，每一本都吸引着我去阅读。

慢慢地，我开始改变。我改掉了恶习，逐渐养成好的习惯，工作和生活中的表现变得比以前更好。大家可以想象，当一切都向好的方向变化，人当然是越发受到鼓舞的。这是不是意味着我的将来实际上就掌控在自己手中呢？我是否可能创造自己的生活，而不是怨天尤人，也不抱怨运气太差呢？

我开始全身心投入研究成功的奥秘以及个人成就的艺术。现在我仍然在研究如何成功（以及如何规避失败）。我很幸运，在广告行业赚了几百万美元，也能自由自在地做自己想做的事，过自己想要的生活。

我仅仅是运气好吗？应该说，尽管我这辈子幸运的时候很多，但我始终认为幸运是靠自己创造的，至少从长远的角度来说是这样。我相信自己已经到达事业的巅峰时期，因为我深入地研究过失败，慢慢弄明白了规避失败的方法，踏上了通往成功的征途。

做到这一点并不容易。事实上，我估计自己每年为了实现目标失败过几百次。但是我从书籍、研讨会以及痛苦的个人经历中吸取了对抗失败和痛苦的策略，并且坚持运用它们，最终取得了成功。

失败是成功的必由之路

本书最重要的信息就是，失败是成功的必由之路。即使人的一生中已经经历了无数次失败，也不意味着注定要与成功擦肩而过。只要学会本书介绍的16条法则，你能做到的不仅是改变自己的生活。生活质量改善后带来的惊喜是难以估量的。

如果我能做到，你也可以。我就是个普通人，不过是学会了一些特殊的技巧和策略。能够在本书中和大家分享这些技巧和策略，让我感到无比荣幸。

成功是一门学问。长远来说，成功是可以预见的。无论哪个领域的成功人士，无论他们驰骋于哪个历史阶段，那些成就卓越之人的行为方式和思维方式都是有章可循的。实际上，成功的准则在生活中的很多领域都十分相似，许多人取得成功，正是复制了其他领域中成功之人的思想与方法。几千年来，哲学家、思想家、科学家都曾提出，地球是由因果来主宰的。有一条基本物理准则是这样描述的："任何作用力都有大小相等、方向相反的反作用力。"人类生活在一个有序的世界，遵循古老的自然法则。和引力法则、动力法则、化学法则、生物法则一样，成功也有法则。反过来，失败也有法则。

我们需要学习成功法则。学习这些法则，掌握它们并传授给更多人。因为和任何一门大学课程相比，掌握这些基本人生法则，能给我们带来更多的财富、成就和幸福。

策略很重要

记住：如果某人的成就超过你，一般来说不是因为别人比你更优秀或更聪明，而是因为他们发现了取得成功更有效的策略。只要你学会获取成功的法则，别人能取得的成就，你也一样可以得到。有的法则与思想有关，有的法则与实践和行为有关，不过所有的法则都是只有专注的人才能学会。

记住，人脑是深不可测的精妙工具。我们对大脑的认识几乎都是在过去几十年才发现的。我们刚刚揭秘思维的部分潜力，人类的大脑非常强大，超乎你我的想象。人类具有超凡的能力，可惜大家都不知道。我们都需要一本指导手册，指导自己如何利用思维创造丰富的人生。

当然，我并不是说这本书是人类思维的绝对概括，但书中确实介绍了一些指导思想，告诉读者如何在人生中尽量避免失败，多收获幸福。

强大的原则

本书所分享的法则，对我大有裨益，如果读者善于将其应用到自己的生活中，相信同样会受益匪浅。

下面我就简单概括书中讨论的人生容易受挫的几个方面。

第 1 章介绍明确人生目标和方向的重要性。大部分人基本上没有任何目标。励志演讲大师吉格·金克拉（Zig Ziglar）有一句名言："大部分人只有随时变化的模糊目标，没有明确的、有意义的目标。"人生目标不明确，再怎么努力也不会有很好的效果。因此，我研究了一些有用的练习方法，帮助大家明确最想达到的人生目标并为之努力。

第 2 章分析了破坏性思维对身心造成的伤害。我要告诉大家的是，失败的人常常有消极思想。我还有证据表明，破坏性思维不仅有损成功的机会，也会损害人的健康状况。我会透露一些简单有效的方法，帮助大家转变思维方式，改善健康状况，提升幸福感。

第 3 章陈述产能的问题。每个人每周都有 168 个小时，但有的人在这段时间内成果丰硕，而有的人除了吃和睡什么也没干。为什么会这样呢？在很大程度上，结果取决于每个人在每天的每个小时能有多少产能。可能你动机很强，可能你很聪明，但是如果行为杂乱无章，那么失败就将如影随形。其实，我二十岁刚出头时，也是一个低效的人。一次又一次，我因为组织能力差、工作不系统，不得不品尝失败的苦果。于是，我花了几百个小时来学习世界上权威的时间管理专家的著作，将他们的杰出思想融入自己的生活。毫无疑问，这对我的生活和事业的成功都起到了至关重要的作用。

第 4 章反映了社会上导致失败的最大原因：固定思维。我将给大家看一项研究，证明如果你用这种思维方式，要想取得成功的机会很渺茫。我也展示了另一种思维方式，可以助你战胜这个对手，屡试不爽。只要巧妙运用我展示给你的方法，你的人生必将会处处绽放精彩。

第 5 章要讨论精力的重要性。这是给你带来成功的一个重要方面，却没有得到应有的重视。但是好好想想：精力充沛不断前进的人往往就是成功的人，看看那些成就卓越的人，你就会发现，他们有着近乎无限的精力和勇气。我会告诉大家一些行之有效的方法，来帮你提升自己的精力。

第 6 章讨论的是不能正确提问的危害。我们每天给自己所提问题的质量决定进步的程度。问自己一些肤浅、消极的问题，不会从答案中得到任何启发。但是训练自己提出有见解的问题，就能纠正一些错误。我给大家展示了自己常提出的深刻问题，这些问题克服了我人生中出现的缺陷和问题。如果把这些问题当作人生的一部分，境况将会大大改善，甚至超乎你的想象。

第 7 章介绍的是拙劣的表达。这是导致事业失败的重要原因。即使演示内容很丰富，但是如果无法用新颖、自信、振奋人心的方式展现出来，会让听众认为说话人没有认真思考。无论你喜欢与否，人们确实是以貌取人。你是在用不恰当的方式来展现自己的外表、态度、语言，结果导致自己与成功无缘吗？如果是，也不要担心。我可以教你一些简单的方法来弥补，让你能够以精彩的方式展现自己，给身边的人留下深刻印象。

第 8 章会对智商和情商进行讨论。你的智商怎样？你认为自己在某个方面智商很低吗？好吧，我要给你看一些重要研究，研究结果是，智商并没有大多数人想象的那么重要。真正起作用的是情商，也就是情感能力。仅这一章所讨论的表达能力就足以改变很多人的生活。一旦人们学会如何提高情商，就能取得更大的成就。

第 9 章讨论自我形象。失败者的自我形象通常都比较颓废。失败的人照镜子时，看到的不是一个精干、自信的精英，而是一个失败者。任何人的自我形象一旦呈现出消极特征，就会影响到生活的各个方面。人们越发不会尝试，越发不愿承担风险，无法接受生活中必然会遭到的排斥，做事很快放弃，在社交场合表现欠佳。如果自身形象邋遢，失败在所难免。但任何事情都可以改变，自身形象也是可以快速转变的。关于这方面的书籍不计其数，在这一章中，我会教你一些特别有效的方法，来改善自身的形象。

第 10 章关注思维。如今生活节奏很快，许多人来去匆匆，很少注重行为和积极思考之间的平衡。这是个严重的错误。我坚信，只要大家学会更有创意地思考，就能改善生活质量。我的工作大部分时间是在一家广告公司负责创意部门，因此我必须学会如何迅速提出有创意的想法。我将向大家讲述我个人的最佳思维方式，分享一些小窍门，如何用头脑风暴来改善人生。

第 11 章将重点讨论日常程式的惊人力量。观察生活中的失败者，你总会发现，这些人没有保持始终如一的、提高生活品质的习惯。他们做事没有章法和常性，工作和思维方式不断地变化。即使你已经是一个成功人士，我相信如果在生活中建立一些基本的支持体系，也能让你更上一层楼。毕竟，构建未来的不是偶然的举动，而是惯常的行为。

第 12 章讨论的是压力对人生的重大影响。压力在很多方面使生活失去活力。动机明确，立志高远，就能避开压力吗？不一定。对那些追求极致的人来说，有些压力是不可避免的。关键在于，要控制压力，学会将压力化为更大的动力，直至最后成功。人完全可以既拥有成功，又保持内心平静。在这一章我将告诉你如何做到这一点。

第 13 章研究人际关系对成败的影响。纯粹靠一己之力取得成功几乎是不可能的，终将一事无成。强大的工作关系和人际关系网不仅能大大提高成功的机会，还能在逆境时给你强有力的支持——在某个阶段一定会的。我研究出一些简单、高效的办法，能够扩大并维持你的人际关系，并使之能够为你提供积极的帮助。

第 14 章要讨论当今世界导致失败的最大原因之一：缺乏毅力。有太多失败的天才，而失败的原因不过是因为太早放弃，这真让人痛心。在奋斗的热情消退之后，依然能继续朝着目标奋进才是成功人生的核心所在。但是当今社会主张快速搞定麻烦、寻找捷径、轻松赚钱。我们都忍不住朝下一个好点子进发，而不是坚持原来的目标，现如今这样的做法比历史上任何时期都要盛行。我知道，坚持不懈并不容易，我经常为此感到纠结。在这一章，我要和大家分享的就是我在艰难时期还能继续向前的最佳办法。

第 15 章要讨论金钱至上的问题。你可能会感到奇怪，我真的是说关注金钱会使成功大打折扣吗？一点不错。只想发财的人很难取得伟大的成就。通常，历史上的伟人之所以能够成功，其眼界绝不仅仅是能够买一辆跑车。我想传达的是金钱至上的局限性和危害性，并提出一些更合理的选择。

最后，第 16 章要讨论没有发挥优势力量对失败的影响。极少有人会考虑这个因素，但是新的研究表明，这个因素决定着人的一生能走多远（以及享受人生旅途的程度）。大部分人每天几乎很少考虑自己擅长什么、喜欢什么。结果，他们往往表现平庸，毫无斗志。这于成功毫无助益。在这一章中，我会分享一份问卷，可以快速帮助你了解自己的基本优势（大部分人并不知道），并指点你如何每天用更多的时间做一些自己特别擅长、特别喜欢的事情。

如何阅读这本书

理解这本书最好的办法就是先从头到尾通读一遍。接着，挑出你认为与自身最契合的三个失败的原因，再重新阅读这几章内容，拿着笔纸，做好笔记，记下阅读时的感受，以及与这些问题相关的过往经历。

最后，挑出一个——只要一个，你认为此时此刻与自己生活最相关的一个因素，承诺一定要克服这个因素。再列一个清单，写下你能够克服这个障碍的办法，把清单贴到每天都能看到的地方，无论是在家还是在单位。然后，凡是能解决这个问题的办法，不管是什么，每天都去尝试。

克服了这个失败的因素后，再来解决导致失败的另外三个主要原因。把问题逐个解决掉，可以使生活在几周甚至几天内就有明显的改善。在一段时间内重点关注一个问题，可以迅速带来改变。集中精力，就能奏效。

最后，兴奋起来！你马上就会找到无数方法来规避失败，将成功最大化。书中诸多原则在任何时候都能发挥作用，许多人只学了其中一条就完全改变了生活的轨迹。要是改善 5~10 个方面，你的人生就会达到一个新高度。你很快就能学会取得巨大成功的技巧，这些技巧可以改善你的健康状况、成功级别、满意度及幸福感，让你受用终身。

我相信，人生来就是要成长、进步、出类拔萃的。我们有无限的可能性，需要的是学会释放无穷力量的方法。

这本书就是要教你这些方法。

目 录

WHY PEOPLE FAIL
The 16 Obstacles to Success and
How You Can Overcome Them

01

目标不明确

成功的秘诀在于：你不一定比别人更聪明、更好看、更善于和人打交道，或者更走运，只要专注于——真正地专注于——自己想要什么以及获得的方式即可。

事实上，大部分人都不太确定自己这辈子想要什么。每个人都想要成功，而且非常渴望，但如果问他们，目标是什么，想成为什么样的人，为什么设定这样的目标，以及如何实现这个目标，大部分人都说不出个所以然来了。

平庸之辈几乎都没有明确的目标，这就是为什么很多人会归于平庸。人们偶尔会发现有些人不一定比别人更聪明，但是非常清楚自己的目标，知道自己想成为什么样的人，想到哪里去。这些人才是未来的人生赢家。

我读书的学校学风非常好——全州最聪明的孩子几乎都上了这所学校。可让人奇怪的是，那些最优秀、最聪明的学生并没有在后来的人生中出类拔萃。超越他们的人可能并不聪明，只是非常清楚自己未来的发展方向。这些学生日积跬步，终成大器。

这让我想起过去在学校里常做的科学实验。还记得如何用放大镜将一张纸烧着吗？把一张纸在太阳底下放一整天，阳光也不会对这张纸产生任何作用。但是，用一个放大镜把阳光聚焦在纸上，只要几秒钟，这张纸就会燃烧。这就是焦点的力量。目标明确的人远比其他大部分人的焦点更明确，其结果会体现在人生的很多方面。

我们在以下这三个方面需要有明确的目标。

人生目标

如果我问你："你的人生目标是什么？"你会怎样回答？

你对人生有整体的认识吗？每天起床的首要原因是什么？你会被眼前的事情、截止日期或找你做事的人所拖累吗？

不可思议的是，大部分人说不出自己的人生目标是什么。坦白地讲，他们不明白自己为什么生存在地球上！这样的生活自然是波澜不惊的。他们总是寻找下一个微不足道的快乐，竭力避免遭受任何痛苦，草草过完一生。他们没有任何目标，虽然生活不痛苦，却也没有什么积极的意义。如果这就是你的生活，请听听我的建议，确立明确的生活目标。看看下面这些生活目标，是否对你有所触动。

人生目标设想

- 创造美好幸福的家庭；
- 成为杰出的人；
- 我的地盘我做主；
- 广泛的人脉关系网；
- 为人类做出杰出贡献；
- 改变世界；
- 尽可能多地帮助别人；
- 成为别人的益友；
- 达到高尚的精神境界；

- 进行奇妙的探险；
- 留下一笔遗产；
- 享受每一天。

如果以上这些目标都不适合你对人生的设想，那就花一两分钟写下三个可能合自己心意的目标。

人生目标是什么并不重要——重要的是，得有一个目标。有以下几个原因。

高尚的人生目标有激励作用。这个目标每天早晨唤醒你，让你感到兴奋，过上真正的生活，让你和身边人的生活更加丰富。这个目标让你的生活更有趣、更好玩，让你更爱冒险。日子过得艰难时，这个目标激励你不断向前，解决任何不如意之事，直至实现自己的目标。

高尚的人生目标使人更高效。明确的人生目标使生活更有条理，帮助你专注于要做的事情以及做事的方法，不至于迷失在生活的迷宫。有了这个目标，人也会更勤奋，更有动力。有了这个目标，每天早晨醒来，都能努力调整自己的状态，让生活变得更充实。

高尚的人生目标帮助人成长。为实现人生目标而努力，能够释放人的潜力。目标会把你拉出舒适区，鼓励你更上进，不断尝试突破自己的极限。目标会唤醒你更深层次的潜能，让你充满活力。高尚的目标可以促进人们大幅度提升自我，甚至自我革新。

有了人生目标就能实现这些平凡而伟大的事，可惜有目标的人却少得可怜，这难道不是极不正常的吗？

如果本书所有的建议中，大家只想选择一个，那就选这个吧。首先明确人生目标，心里总惦记这个目标，做个备忘录提醒自己，放在每天都能看到的地方。人们一旦开始每天关注自己的人生目标，生活很快就会发生改变，会变得更简单，也更令人满意。生活有了方向，就有了无穷的动力，身边的人也能感觉到你的变化。相信我。

确定人生目标以后，第二步就是明确职业目标。

职业目标

大部分人不明白自己到底为什么从事现在的工作，这一点再次让人感到震惊。

在接下来的30秒内，请写下自己工作中三个最重要的任务，全职父母请列出家里三个首要的任务。

然后，按照重要程度排序，标上1、2、3。

如果你不能很快给出答案，或者要想好一会儿才能排出正确的顺序，那你就是这项测试的典型人群了。

然而，如果你很快就列出了工作中最重要的任务，就是让你拿到工资的那些任务，那么，祝贺你——你已经有了明确的工作目标了。如果写不出来，那么花些时间也是值得的，因为一旦明确了工作任务的主次，你就能将工作做得更好，进入工作状态更快，效率也更高。明确工作目标，就能产生超凡的力量和动力，拥有更光明的前景。完全明确工作中最重要的三项任务，其结果就会显现出来。你不允许浪费时间，工作效率也会更高。你会赢得大家的尊重，因为你胸中有丘壑。

做事含糊只会失败

我们把那些工作任务明确的员工和对工作职责含糊不清的员工进行对比。后者没有那么明确的动机，更容易分散注意力，工作效率和效果也不够理想。他们会花大量时间做不重要的工作，好像没有更好的事情可做（在他们看来是那样）。他们会高高兴兴地参加一些不重要的会议，午饭时间也很长，因为没有什么特别的东西能激励他们追求成功。

当然，社会上最严重的弊端之一就是我们每天有没完没了的事情要做。堆成山的邮件，开不完的会议，做不完的工作——这样的日子永远看不到头。工作时间和强度日益加大。但是因为总有很多事情要做，如果人们不知道自己的首要任务是什么，每天就很容易淹没在铺天盖地的琐事之中。结果就是虽然每天都很疲惫，但效率却非常低，工作热情被一点一点消磨殆尽。

一天工作12个小时却仍然做不了任何大事，这一点并不稀奇。为什么呢？从根本上说，因为他们不明白如何有效地利用自己的时间，结果做的都是手边最紧迫的事情，而非最重要的事。要想拥有良好的时间管理能力，就要从充分明确自己理想中的结果开始。无论多聪明的人，如果任务目标模糊不清，结果也只会不尽如人意。实际上，如果要在一个智商平平但工作目标明确的人和一个脑子聪明但没有明确目标的人中进行选择，那我每次都会选目标明确的人。

接下来我们进入第三个目标层次——明确每周目标。这个想法很简单，但是能够让你的成就产生翻天覆地的变化。

每周目标

每周目标就是规定每周有一次——通常是周日——坐下来思考接下来七天最重要的一两个任务。这个办法非常有效，只需要几分钟就能完成，但是可以显著提升个人效能。

通常情况是，从每周一开始，我们就要着手处理工作和生活中的各种事务。等到星期五晚上，回顾这一周时，发现自己竟然一事无成。我们只不过做了许多不重要的琐事——即使有时把琐事做到了新高度。但是正如投资巨擘沃伦·巴菲特说的那样："不值得做的事情，就不值得做好。"

但是，只要养成每周设定目标的习惯，就很有可能取得高水平的成就。一旦你真的明白任务极其重要，心里就会总惦记着它，直到最后完成任务。你会关注与这个任务相关的任何事情，不相干的事情或琐事不予理会。

每周目标也是判断本周是否有意义的重要指标。每个周末，问问自己是否完成了那两项最重要的工作。如果没有，说得残酷点，这周就没有多大价值；如果做完了，那么祝贺你，工作效率又有提升。

明确周目标可以帮你很容易取得卓越成就。即使每周只完成1项重要任务，那么一年就能完成52项重要任务。朝着任何一个目标迈进52步，就能取得很大的进步。这一点毋庸置疑。

这个周末就尝试制定一周的目标，相信你的效率会飞速提高。

坚持我建议的这三个目标的练习，你会为自己的进步感到震惊。

惊人的网状激活系统

上述技巧之所以奏效，是因为它们能够帮助人脑更好地处理信息，但如果连自己人生的关键目标都不知道，那这些技巧就不起作用。这在很大程度上与人脑的网状激活系统有关。对我而言，网状激活系统就像科学家们说的那样，是人脑最兴奋的部分之一。下面我要用一个三步测试来解释为什么。

花 15 秒钟看看你现在所处的房间四周，记住房间里任何一个黑色物体的位置，然后进行下一步。

好，现在不要看房间，想想你能记住多少东西是蓝色、白色或者棕色的。

即使这些东西你看过好几次，却发现你一个也说不出来。原因主要在于大脑中的网状激活系统。

网状激活系统的工作原理是这样的：世界上有几十亿条信息，大脑要选出哪些信息是有用的、哪些是没用的。比如，你酷爱打网球，大脑访问系统就会选择报纸上关于网球的文字，关注到网球比赛的广告，或者锁定网球比赛电视节目，仅凭余光就能看到。因为你已经给大脑激活系统输入程序，网球对你来说很重要，于是这个系统尽职尽责地替你搜索与网球有关的数据。

那么请想象一下，假设你的人生、职业或者每周生活都没有明确的目标会怎样。网状激活系统如何能替你找到机会，发现相关信息呢？当然不能。如果没有明确的目标，网状激活系统的超强能量就不能帮助你取得期望的成就，向理想生活前进也就无从谈起。

大部分人不了解网状激活系统，不懂得如何使用这个系统的超强计算能力帮助自己获取想要的东西。花点时间明确目标，告诉网状激活系统，这样它就能帮你找到你在人生、事业以及一周的安排所追求的东西。

大脑就是盟友

人的大脑生来就有强悍的能力可以帮助自己的主人。可如果主人从来不给大脑发送清晰的指令，告知自己追求的目标，那么大脑要想帮助主人取得进步恐怕要颇费一番周折了。俗话说得好："如果自己都不知道要去哪里，那就只能四处游荡。"

目标明确将带来伟大成就。其实，目标清晰是生活中在任何方面表现卓越的先决条件。我敢说，你的生活中很多问题不断的方面，都是因为你不明白自己到底要干什么。

目标明确绝对能产生无穷的力量，它是决定人生所能达到的成功与幸福水平的基本条件之一。

记住这一点，这个目标就能随着人生目标逐渐清晰而走得更远。这不会花太多时间。拿出一张纸和一支笔，我将告诉你如何把生活变得清晰，比你过去的生活都要清晰得多。

我把下面的练习叫作"三分钟大师计划"，因为只要三分钟，大家就能仔细看看自己的生活，清楚地知道自己想要什么。

1. 明确个人目标

即使你好运连连，也请用三分钟头脑风暴一下自己理想中的个人目标。这就是要了解自己。你想成为什么样的人？理想的性格是什么？你高贵吗？自信吗？高效吗？放松吗？高尚吗？开心吗？写下你最想要拥有的五种性格。记住：不要多想，快速记下一些想法，以后还可以修改。

再来看看写下的内容。你会发现理想的个人目标激励着自己。想到自己可能成为那种人，你甚至会感觉到一点激动。好吧，我向你保证：如果每天早晨把这些内容读一遍，形成习惯，从早到晚把这些特点想上几遍，相信你就很有可能成为那样的人。这是人生亘古不变的道理，人们会变成自己日思夜想的那种人。但是，你首先必须非常明确自己希望成为哪一种人。

2. 明确人生伴侣

如果你还是单身，而且想脱单，那就用三分钟写下理想的伴侣应具有的各种性格特征。别想得太久，快速写下来，至少写五个。我敢说，你脑海中理想伴侣的形象立即前所未有地清晰起来——他 / 她的容貌、举止、人生理想。有了清晰的目标，当你遇到这样一个人的时候，就更有可能认定对方。同时，这也能帮助你判断哪些人并不适合自己。

3. 明确友谊概念

俗话说得好："和狗睡在一起，起床时满身是跳蚤。"我们会成为经常和自己交往的那些人，这个道理不用多说。身边的人对你的影响远远超出你的预期。潜移默化中，你的态度开始与他们的态度相似，你的行为开始符合他们的思维方式。不知不觉地，你接受了朋友的许多想法以及行为方式。

他们中的每一个人至少有好几个你羡慕的性格特点。但是，你到底最仰慕朋友身上的哪些特点呢？事实是，大部分人从来没有考虑过这个问题。那些人自然而然成为他们的朋友——而他们并不是有意识地选择那些人做朋友。结果，有的朋友素质很低，无形中也降低了你的生活质量。

现在用三分钟时间写下你希望朋友身上具有的五种性格特征。

再看一遍写下的内容，你很可能意识到，有些朋友其实不符合这些标准。你希望一位良友应具备的品质，大部分是他们身上没有的。可能你们只是凑巧成为朋友，之所以你们还是朋友，很大程度上只是因为习惯。既然这样，或许你就要重新审视你们之间的友谊了。

不过，不要误解我的意思——我不是说仅仅因为你的伙伴不是"理想的人"，就要终止与他们的深厚友情。实际情况是，你与他们相处得极其融洽，而且十分重视共处的时光。我的意思是说真诚地、认真地看待自己的朋友，问自己一个问题：我下半辈子真的愿意继续和这些人交往吗？

如果答案是否定的，那你就应该有意减少跟他们接触，多花点时间寻找你觉得志同道合的人做朋友。

艰难的决定

这些练习提出的问题并不好回答——我相信你也是这样认为的。但这很有意思，不是吗？只有明确了自己对友谊的理解后，才会思考朋友的质量。如果生活中每件该弄明白的事都稀里糊涂，那我们只能忍受平庸。

所以，记住这一点，我还有一个问题要问：生活中还有什么地方是你不太清楚的？只用三分钟，搞清楚你在那个方面最想要的是什么。就这么简单。你会惊讶地发现，有意识地关注一个问题后，原本不明白的很多事立刻清晰起来。这个办法简单且有效。

列出这些内容后，一定要牢牢记住。否则，只会又回到原来的老路上。要牢记这些内容，有个好办法，就是把它们都写在日记里，每天花一两分钟读一读，反思在这些领域获得的东西是否就是自己想要的。

这件事情很简单：越是明白在生活中自己想要什么，就越有可能得到。

明白了吗？

02

破坏性思维

今晚你家有一个杀手。

不是杀人的杀手，是毁灭梦想、成就和所有成功办法的杀手。这个杀手是隐形的，但其杀伤力却无处不在：职场、人际关系、健康，当然还有人们的思想。

这个杀手就是破坏性思维。

从长远来说，我认为没有哪个因素比破坏性思维对取得成功带来的伤害更大。实际上，破坏性思维对生活的每个方面都会产生意想不到的负面影响。在当今社会中，很少有人会正视它的巨大能量，这也使得它的破坏力越发强大。大部分人甚至根本不把自己的思维方式当回事。

有人努力对抗破坏性思维，强化积极思维。以多数庸人对有积极思维之人的反应为例。通常，虽然人们没有明说，但难免会嘲笑那些具有积极思维的人是在白日做梦，是盲目乐观主义，在真实的世界面前显得幼稚可笑。许多人认为积极思维最好的结果无非就是不带来任何影响，最差则于人有害。这一章里，我要说的恰恰相反——只要能够坚持，积极思维将成为规避失败最有力的办法。

其实，思维质量对生活质量有巨大的影响。认识到这一点，你每天晚上都应当花些时间来提升自己的思维状态。我的意思是说，对思想也要采用健身方法，就像许多人用各种方法锻炼身体一样。一个便于早晚操作的惯常做法就是，远离破坏性思维，或者至少不要被这种思维裹挟。负面思维的破坏力十分强悍，我们每天都要与之对抗。

下面来看看破坏性思维的影响。

破坏性思维影响健康

无数研究表明，消极思想会引发疾病。有一项针对乳腺癌患者思想状况的调查给我留下了深刻的印象。欧·卡尔·西蒙顿博士（Dr. O. Carl Simonton）采访了大约四百名乳腺癌患者，发现 80% 的患者在查出病症前九个月左右都曾经历过灾难性的负面打击。

你以为我是要表明所有癌症都是由忧伤的情绪或负面的思维引发的吗？当然不是。很明显，许多癌症都有基因的影响。那我是说破坏性思维（这个案例中是由负面事件引起的）会影响人类的免疫系统吗？当然。

德高望重的积极心理学先驱马丁·塞利格曼博士（Dr. Martin Seligman）介绍了一项关于积极思维和健康关系的研究，很有意思。这项研究以修女为研究对象。不管相信与否，修女是绝佳的研究对象。因为在修道院里，每个人的饮食都差不多，每天做着同样的事情，生活在同一个受到保护的环境中。因此，她们成为该项研究测试的绝佳样本。

塞利格曼博士在他的著作《学习乐观》（*Learned Optimism*）一书中介绍了这项研究，他要求新来的修女给别人写信描述自己在修道院的生活。五十年以后，研究者们再次阅读了修女们的信件，把每封信件的内容与作者的寿命进行比较。结果十分惊人。凡是消极地描述修道院生活的修女，都没有那些积极描述生活的修女寿命长。塞利格曼认为，修女年轻时的消极性格可能贯穿其一生，因此减少了寿命。

西蒙顿和塞利格曼的研究很了不起。除了他们两位以外，在过去二十多年中，还有很多研究支持这一观点，即负面、消极、破坏性思维对健康有着超强的破坏力。

大量证据表明，快乐的思维使人们更健康。下面用一个例子来说明。

医学著作《患者眼中的疾病解剖学》（*Anatomy of an Illness as Perceived by the Patient*）现在已经成为经典。作者诺曼·卡曾斯博士（Dr. Norman Cousins）详细介绍了他如何不断地观看喜剧电影来治愈自己罕见的系统退化性疾病的。他坚信，自己增强了身体抵抗疾病的能力，全是因为保持积极乐观的心态。

该书出版二十年后，心理神经免疫研究（即思想如何影响身体的免疫系统）成为医学领域发展迅速的分支学科之一。医生们曾经对思想影响身体细胞这种提法嗤之以鼻，而如今则认为这两者之间有密切关系已经成为不争的事实。

接下来，我们要讨论破坏性思维带来的另一个恶果。

破坏性思维使人放弃

对我而言，这无可争议。如果我想努力达到一个重要的目标，可内心深处我认为自己不会实现这个目标，于是一遇到障碍或者困难，我就有可能放弃。不管怎样，为什么要为了一个看起来遥不可及的目标委屈自己呢?

把这种态度和乐观态度进行比较。乐观主义者相信，无论前方会遇到多少困难，自己一定能够实现目标。因此，他们坚忍不拔、奋勇向前，直到最终实现预先设定的目标。这完全符合逻辑。

在我看来，人们不相信积极思维的力量，仅仅是因为还没有认真考虑过，在取得胜利之前思维与毅力之间的关系。思维与结果之间的关系可以用下面这个简单的图形来总结（如图 2-1 所示）。

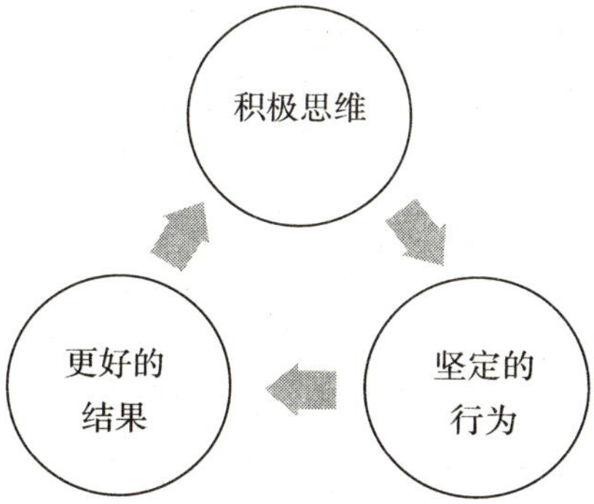

图 2-1 思维与毅力的关系

从图 2-1 中的文字可以看出，思维决定采取何种行动，行动会带来某种结果，结果又会改变思维。思维和行动之间有直接的关联。因此，要想实现最终目标，思维的质量起着至关重要的作用。

顶级体育心理学家加里·麦克（Gary Mack）介绍了一项关于思想力量的试验，他在职业体育运动队担任教练时常做这项试验。

首先，他让所有运动员站起来。然后问一个简单而重要的问题："有谁相信自己在运动场上的表现至少有 50% 是取决于自己的思维方式？"此时屋子里至少有一半的人表示同意。

麦克接着问了一个很震撼的问题："如果你们大部分人相信自己的思维状态会在很大程度上影响最终的表现，那为什么不肯用 10%、20%、30%，甚至是 50% 的训练时间让自己使用正确的方式思维呢？"通常，听到这话，屋子里会鸦雀无声，因为这些职业运动员突然意识到，自己基本上没有花足够的时间进行思维训练，帮助自己达到最佳竞技状态。

思维影响行动

记住：思想改变行动，行动改变结果。尽量积极地思考问题，即使事情变得艰难，也还是有可能继续朝着目标前进。破坏性思维只会令人在遇到不可避免的障碍时才更有可能放弃。

很多人认为，自己的想法就是真理，但实际上，这些想法只是大脑机械的行为：有事情发生，大脑就会想，这样的想法不一定就是真理，只是对事情的感知而已，这样的感知可能是对的，也可能是错的。如果你习惯性地用消极心态认知发生的事，那就要重新调整自己的心态了。思维方式可以改善，可以提升，也可以给人以支持，而不只是将主人拖进平庸和悲哀的深渊。

看看抑郁症患者。几亿人正遭受抑郁症的折磨，但他们的思维方式有一些共性。无数研究表明，许多抑郁症患者有三种标志性思维特征。

1. **患者相信，他们的问题是自己的过错**。当一件不好的事降临到抑郁患者身上，他们通常认为这件事是冲着自己来的，都是自己的错，自己应该负责任，甚至应该挨批评。

2. **夸大问题的严重性**。通常，人们把“问题”想象得无穷大，甚至大到无法解决时，就会有些抑郁表现。一旦把问题想象得很严重，他们就不能专心应对，更不用说解决问题。抑郁的人通常在自己想象的环境中被打倒，他们认为事情太严重了，根本无法有效处理。

3. **问题永远无法解决**。多次研究表明，抑郁症患者对自己所处的困境看不到希望。在他们看来，眼前的困难可能会跟随自己几十年，甚至一辈子。这使他们感到无比绝望。

所以，不难看出，抑郁的思维并不是突然发生的：很多案例中，抑郁思维的产生通常有具体的源头。这与人类具有的许多其他情绪一样——具体的思维模式产生具体的情绪。

这就是捍卫自己的思维，不让自己滑向破坏性思维模式的重要意义所在。掌控自己的思维，就能引导它以更有效的方式发挥作用。一定要记住，是人控制大脑，而不是大脑控制人。

每日思维程式

下面，我要介绍自己每天让大脑保持理想状态的一些固定程序。

分数技巧

我每天都会使用两个主要的技巧：分数监测和呼吸放松。分数监测技术是吉姆·范宁（Jim Fannin）发明的。范宁堪称世界上最优秀的高效能教练。他不断修订这项技术已经超过 25 年，我保证这种方法绝对有效。简单地说，从早到晚，每当要去开会或者执行新任务时，花几秒钟检查自己是否做到了以下几点。

- **自律**（Self-discipline）：问问自己是否在朝着目标努力，是否能够按照规定的方式做事；
- **专注**（Concentration）：检查是否专注于手头的工作；
- **乐观精神**（Optimism）：你有热情吗？有能量吗？积极向上吗？希望事情进展顺利吗；
- **放松**（Relaxation）：检查紧张程度，确保自己不会太紧张，要镇定和放松，但不要懒散；
- **享受**（Enjoyment）：检查自己享受的程度，保证自我感觉良好，享受当下，能够认真对待要做的每一件事。

现在估计你已经看完了，每个词的第一个字母连起来就是“SCORE”（分数）这个单词。范宁的经验就是，如果思想中这五个方面状态良好，那你就处于极佳状态，你的思维也处于一种微妙的境界，运动员称之为“精神专注”（the zone）。从早到晚，每次开始进行一个新任务的时候，只需要花一点时间评估以上这几个方面，相信我，这真的有效。试试这种分数监测技巧，哪怕只是一天，我敢保证，你会认可它。分数监测技巧可以使人头脑敏锐，思维积极、活跃。

呼吸的力量

我把第二种思想技巧叫作呼吸减压，这项技能和分数监测技巧一样实用。

这个技巧的基本理念是这样的：每天，人们在精神上都会遇到许多或大或小的压力，这些压力都会隐藏在我们的身体里。做几次呼吸练习就可以释放这些压力，就像按摩能够放松肌肉一样。

这个技巧非常简单。只要有空间，一天不妨多做几次，花点时间想想到底什么东西困扰着自己。然后深呼吸，想象着压力从身体里抽离。慢慢地呼气，感受压力释放的过程。每次吸气的时候，想象着自己头脑清醒，快乐如初。

试试吧，现在就开始。这个技巧绝对有效。一天当中如果能够多次释放自己的压力，你就会发现身体异常轻松。但是如果放任每天的压力积蓄在体内，那你的情绪会愈加烦躁，也对健康不利。

许多压力专家也认为，正是因为我们任由压力（精神和身体）在体内经年累积，导致健康开始出现问题。著名心脏医生迪安·奥尼什（Dean Ornish）出版过不少医学著作，凡是读过的人都知道，心脏病与持续的压力直接相关，癌症是由未释放的压力引起的也不是什么新鲜事了。

这就是为什么呼吸可以有效缓解压力。日常的呼吸技巧已经将它化解了。

我每天都会使用深呼吸和分数监测技巧这两种保持理想精神状态的方法。通常，我会视忙碌与疲劳的程度练习 5~10 分钟。相信我，这大大改善了我的心情和状态。

接下来，我要介绍两种专门在早晨进行的精神练习：视觉化和肯定。

视觉化

视觉化就是在脑子里想象一幅画。设想自己诸事完美（在脑海中设想生活一切顺利），重复 10~15 次，每次 1 分钟左右。

我就是这样做的。早晨上班前，我会放一些提神的音乐，坐在舒服的椅子上，闭上眼睛，放松。接下来的 20 分钟，我边听音乐边想象自己在工作、健身、社交等任何一个我在意的方面都表现出色。我把这些完美表现的场景在脑海中一遍遍地回放，直到看到自己表现出一直向往的水平。

我得承认，刚开始做这种视觉化练习时，感觉有点怪怪的。但后来发现，这是我一天中最享受的活动之一。

印度瑜伽的视觉化练习已经有几千年的历史，他们做这种练习是为了提升自己的力量。但是自从前东德奥林匹克代表团在 20 世纪 60 年代开创了应用视觉化技术以来，视觉化就成了许多运动团队训练体系中的重要部分。原因很明确——无数研究表明，如果运动员坚持将自己的优秀表现视觉化，他们确实会优于他人，而且通常临场发挥出奇的好。

将一个极其复杂的主题简单化并在思想中演练，以这种做法来提高表现水平是有效果的。之所以会如此，主要有两个原因。

第一个原因是，人们潜意识里无法区分真实事件和生动的想象。因此，如果脑海中想象用球拍完美击球，并连续几周在脑海中回放这一影像，那么就极有可能提高击球的水平，因为人们潜意识里会认为自己真的在练习击球。

当产生一个念头或采取某个行动时，大脑就会产生一个真实的通道，即突触。如果不断重复这个念头或行为，这个通道就会得到强化。所以，如果持续练习同一件事（即使是在脑子里练习），通道就会得到强化，事情也能做得更好。实际上，大脑是调整了自己的结构来帮助人们更加轻松地完成这个任务。

比如，科学家们做了一个实验，让猴子反复按一个按钮，连续按几天。研究者发现，猴子在按按钮时，大脑内部的某些通道（神经通道）变得更厚实、更坚韧。然后他们不再让猴子每天按那个按钮，结果，神经通道又变薄弱了。大脑这种适应外部多样环境的能力，叫作神经塑性（neuroplasticity）。现在，这是医学界最热门的领域之一。

这项研究结果意义深远。如果思想上重复一件事情就能让你做得更好，那就应该在大脑里重复地设想自己能做得很好，以此提高自己在生活中几乎每一个领域的表现。

在生活中，我发现这种做法的确很奏效。过去几年中，我一直设想自己在生活的各个方面都非常优秀，而我在这些领域也的确做得更好了。

因此，当我坐在椅子上，在脑海里“看着”自己表现良好的时候就会很兴奋，因为我知道几天或几周内，我的实际情况就会有所改善。除此之外，想象成功也使我心情愉悦。这让我专注于解决问题的办法，而不是问题本身。于是我变得更加积极、充满希望，更加愿意做好每天要做的事情，我知道这些事情将指引我的人生不断前进。

试试这个方法，每天 5 分钟，连做一周。我敢保证，你很快就会感觉到更有信心实现自己的目标，也一定感到比以前更幸福、更有动力。

坚定成功的信念

我每天早晨必练的第二个技巧是坚定信念，就是大声说出一些词，这些词能够帮助你专注于自己的目标，从而坚定信念，实现目标。

通常我早晨开车去健身房时，就会练习 5 分钟左右。下面这些话我每天开车时要说三遍。

我总是很开心，很放松。

我做事很有秩序。

我办事效率高。

我很感恩。

我每周锻炼五次。

我比别人强。

我有健康的身体，强健的体魄。

我是思想的主宰。

我享受每一天。

我是冠军。

我做事很有条理，有重点。

我喜欢自己的工作。

看到这里，很多人可能会觉得很可笑。不要小瞧这些，要知道，世界上的顶级运动员就会使用类似坚定信念的方法来使自己的成绩达到最佳状态。

亚历克斯·罗德里格斯（Alex Rodriguez）是最优秀的棒球运动员之一，他就是这样做的。他也是全世界第一个签约价值 2.5 亿美元合同的运动员。

亚历克斯是这样介绍坚定成功信念、视觉化的做法的：

我的用脑方法是我取得成功最重要的原因。首先，我的思想会认定自己能够实现目标。举个例子，我希望大家听了以后不要觉得我很傲慢，不过在 1996 年初的赛季，我设想自己获得美国联盟最有价值球员奖，还把奖杯举过头顶。我想象自己赢得最佳击球手的头衔，举起那个奖杯……那一年，我以三票的优势真的赢得了最有价值球员奖，获得最佳击球手头衔。

我相信梦想，我也相信主动强化和视觉化的积极作用。有时，我晚上睡觉前，就会告诉自己，也许要说 150 遍："我击中球了，我击中球了。我要怎样做才能生存？我击中球了。"……我在脑子里看得到结果，我相信冠军首先要在自己的脑海里获胜，再来参加比赛，而不是反过来。这个方法真的很有用。

这不是疯子说的疯话。这是要参加最高级别比赛的运动员，一个真正的冠军。

如果你真的想达到世界级水准，那就要坚定你的成功信念，至少坚持几个星期——效果之显著会令你瞠目结舌。

对，我们一起来回顾思想锻炼疗法进行到了哪一步。每天早晨，你花几分钟设想完美的表现，说说给自己鼓劲儿的话，专注于自己的目标。然后一整天都要使用分数监测技巧，保持大脑清醒、思维积极，也别忘了使用呼吸解压技巧，释放遇到的压力。

每日回顾

这个部分只需要 2 分钟，每晚睡觉前我都会练习一遍。

步骤仅需两个。第一是每日表现回顾。这个极其简单——只需要一分钟快速评估一天的活动。我只是问自己：

什么事情我能做好？

什么事情我还能做得更好？

这个技巧很有意思，因为我们上床睡觉时很少会真正地评价自己一天过得如何，自己表现怎样。但如果我们有意识地回顾一天的行为，通常会看到一些很容易修正的错误，只要我们能够意识到这些错误。世界顶级的成功教练罗宾·夏尔马（Robin Sharma）说："意识明确才能头脑清醒，头脑清醒才能有理想的结果。"

设定感恩时间

最后我们来到感恩时间。我只需要 60 秒思考这一天中发生的所有美好的事情，并把自己一辈子都应该感恩的事情记录下来。随便什么事情都可以，可能就是很小的事，比如和同事的开心一刻、美味的午餐，或者一次顺利的会议；也可以是人生中的大事，比如你为能生活在如今这样一个科技发达的社会感到幸运等。

身体健康，身边有爱我的人，这些都让我很感恩。只要想一想，就会发现身边有无数要感恩的事情。

一旦你养成感恩时间的习惯，就不会想要放弃，因为这样做会让你发自内心感觉生活的美好。如果每天晚上开始记住那些积极的事情，你会惊喜地发现，这一天竟然发生了那么多惊奇、有趣、温暖、放松，甚至只是一点正能量的事情。但是如果不设定感恩时间定期提醒自己，我们基本上不会注意到那些细节，当然也就不会把它们当回事。毫无疑问，感恩时间是一个极其有效的练习，可以提升思想、净化心灵。

有效的机制

我会使用一个机制来避免破坏性思维，这个机制对我确实有用。你不妨也试一试，我保证你会发现这个机制的妙处。我建议大家每天都练习这些技巧，不要觉得可笑。相信我，一旦习惯了，你就会觉得其实很简单。每天把所有的技巧都练习一遍只需要 16 分钟：

- 早晨视觉化：5 分钟
- 坚定成功信念：5 分钟
- 五次分数常规练习：2 分钟
- 五次呼吸减压练习：2 分钟
- 晚间回顾：1 分钟
- 晚间感恩：1 分钟

多么重要的 16 分钟啊！这种每日固定的程式将使你更幸福、更专注、更投入、更放松、更感恩，也更了解自己。

如果你从商，可以变得更敏锐、更有效、更成功，也更富有。如果你是全职父母，这种做法能使你更乐观、更高效、更快乐。如果你是学生，可以变得更积极，不会像以前那样被困难吓倒，变得更受人欢迎。每个人都喜欢与积极、有活力、热情、向上的人做朋友，而这些特质都是以上机制可以产生的效果。

思想是人生这场战役中最有力的武器。学会好好利用这个武器，就能远远超过大部分人。如果从来都不关注自己的思想状态，那么思想的杂草就会悄悄滋生、蔓延，直到你的精神世界变为一片荒原，而你的人生也将迷失其中。

每日思想程式实实在在地帮助了我。一想起这样做也能对大家有帮助，我就非常兴奋。认真地按照这些程式来做，生活质量就会得到显著提升。

03

产能低下

大家有没有想过别人是如何取得巨大成就的呢？为什么有的人一个接一个地完成自己的目标，而有的人浪费好几年（甚至好几十年）的时间还一事无成？

我想过。事实上，我花了很长时间仔细研究过这个问题。我发现，大部分成就卓越的人，都能高效利用时间。

想到这里，一切都清楚了。我们现在要完成的任务比历史上任何时期都要多。有了电子邮件、互联网、手机，交流似乎变得更容易了，但是生活却也变得复杂了许多。找我们的人更多了，找我们的次数也更频繁了，找我们的人也没以前那么有耐心了。人们期待能得到更快的回复，结果许多人因为你没有在一小时内回复他们的邮件而暴跳如雷。

难怪现代人总是压力重重——生活的节奏已经快到了近乎荒谬的程度，而且再也不会慢下来。相反，几乎可以肯定的是，工作过程被打断的可能性必然增加，压力会越来越大。所以，我们只剩下一个选择：要么落在竞争者的身后，要么学会在更短的时间内完成更多的事情。

我的选择是后者。

从无序到有效

我二十岁出头时，卧室里乱七八糟，车里也到处都是垃圾和随身物品，时不时还会弄丢各种重要的东西。工作上，我做的尽是些不起眼的工作，也没个工作重点。那时无序就是我的代名词。

我得告诉你们，当时过着这样的生活真是令人无比沮丧，情绪低落。所以，有一天，我对自己说："够了！"然后我开始研究如何做到高效和井然有序。渐渐地，我确信自己发现了有效工作、拒绝拖延、不需要累得筋疲力尽就能完成大事的有效方法。我的生活彻底改变了。

如果有人认为自己做事拖延又无序，甚至认为自己永远也不可能成为一个工作高效的人，那我请你先别急着下结论。任何人都可以改变——连曾经那样的我都做到了。

现在，我每天都可以保持有序状态，注重高效地工作。我也找到了一套高效工作的方法，从中获益良多。

接下来的内容，我想和大家分享过去二十年间我研究出的高效工作方法。如果你能把这些方法应用到每天的工作和生活中，我相信，你的效率会明显改善，成就将远超于我。

先计划再行动

很少有人在干活前先详细计划需要做什么。我们的社会总是赞扬那些如永动机般不停工作的人。迫于巨大的社会压力，人们一直忙忙碌碌。但是，人的精力是有限的，也需要全力抵制住各种压力，不妨让自己稍作停顿，做好计划后再开始工作。

理想的计划有三种：明年的工作计划、下周的工作计划和当天的工作计划。

我们先讨论每周和每天的工作计划。

要制订周计划，如果每周五下午或周日能腾出 15 分钟（尽量养成习惯，每周在固定时间制订计划）最好。

首先要思考接下来一周必须完成的最重要的工作。不一定是最紧迫的，但必须是最重要的——真正含金量高的任务。通常这种极其重要的工作有3~7项。

然后把这些每周重点工作写在一张纸上，贴在每天可以看到的地方。这样做是为了真实有效地提醒自己关注重要的事情，而不是一直和那些没完没了的琐事纠缠不清。

接下来是日计划。把当天要完成的任务写下来，不要超过10项。还可以将这些任务进行分类，比如5个是工作上的事情，3个是社会活动，2个是管理的琐事。

接着，按照这些任务的重要程度排序。如果这个任务的确重要，有价值，就在旁边写个A；如果比较重要，但不是绝对关键，就在旁边写个B；最后，如果这个任务相对而言不是那么重要，就在旁边写个C。

然后，要求自己先做A级别的工作。

计划简单，实施不易！工作中总有引诱或扰乱我们按清单完成工作的事。使用ABC排序的方式，你就更有可能优先完成那些真正重要的工作。

如果有个每日工作清单，工作效率就能领先于大多数人。如果还希望更胜一筹，就用ABC排序工作法。这个方法极其有效，多数成功人士都在使用这种方法。

挤出整块的工作时间

被打断的次数越多，工作效率就越低。工作效率专家博恩·崔西（Brian Tracy）说，人们在工作过程中被打断，就要用被打扰时间的三倍才能回到全神贯注的状态。要做完成堆的工作，你真的必须挤出整块的时间，不受打扰，安静工作。如果能够做到这一点，每天的工作效率必然会飙升。

要挤出整块的工作时间方法很多。你可以告诉同事，每天在某个特定时段（一两个小时内）不要打扰你。你可以在家或附近的咖啡馆里工作，也可以预约使用会议室 1~2 个小时。当然，有时很难将自己完全隔离开来，但一定要坚持，你要语气坚定、郑重地告知周围的同事，你需要一段免打扰的工作时间。

在家工作，这种方法同样有效。事实上，只要迫使自己坚持原则，不要停下或受到干扰，任何任务都能高效完成。试试吧，你会惊叹于自己的工作效率竟然可以如此之高。

二八法则

这真是一个绝妙的法则！著名的二八法则是由意大利经济学家维尔弗雷多·帕雷托（Vilfredo Pareto）在 19 世纪提出并推广普及的。这个法则的大意是，生活中几乎所有的领域，大约 80% 的成绩来自各种努力中 20% 的行为。

这个突破性法则的言下之意很明显：人们每天做的 80% 的事情几乎都没什么用处！这个提议一开始可能会引起争议，甚至让人瞠目结舌。但是，很快这个结论就会让人很激动，因为如果每天所做的事情只有 20% 就能带来大部分好结果的话，那你就无须没完没了地工作了，你可以专注于那些真正起关键作用的少部分工作。

这话说起来很简单，但是带来的结果却影响深远。如果一整天都遵循二八法则，其结果绝对会让人感到震惊。通常，在 20% 最重要的工作上花费一个小时的努力，就能对结果产生巨大的影响。想象一下，如果每天所有的时间都是花费在那重要的 20% 的工作上，工作效率实际上就提高了 4 倍！

二八法则不仅仅是效果上的革新，也是良好的缓解压力的方法。把二八法则作为生活中的重要组成部分，生活和工作的质量和效率就会有明显的改观，升职、加薪、财务自由指日可待，生活将不再盲目劳碌，而是更加从容。

我对二八法则深信不疑，因此我把这两个数字放在相框里，摆在桌上，这样每天都能看到它。总之，凡事贵在坚持。二八法则的一个极大挑战就是要敢于突破固有思维，走出惯常做法的樊篱。一旦这个法则成为生活的一部分，生活质量就会发生惊人的变化。

顺便说一句，二八法则最知名的理论专家是理查德·科克（Richard

Koch），他是一位成功的企业家、风险资本家，他写了至少三本关于二八法则理论的书。我最喜欢的是《80/20 生活法则》（*Living the 80/20 Way*），在此向大家隆重推荐。

迅速完成不重要的工作

这是最后的结论。如果大部分工作不是很重要，那就要快速完成。这样可以有效释放大块时间，能够腾出更多的时间去完成那些价值更大的少部分任务。

有一点要再次强调，我并不是说要大家投机取巧，做事只做一半，敷衍了事——我的意思是，不要花太多时间去应付那些枝节的工作。事实上，如果某个工作并非极其重要，那无须在其之上耗费过多时间。

我能快速做完不重要的工作，方法就是给每个工作都设定时间限制。比如，我每天的工作清单可能是这样的：

- 写文章（15）；
- 给某人打电话（5）；
- 考虑某个项目（10）；
- 确定酒店（10）。

大家可以看到，我在每个任务后面都写上需要花费的最长时间。这样，我不会仅仅因为有时间或者这些事情简单或者有趣就耽搁过多时间。通常，我会把这变成一个游戏，给自己加油，力求在规定时间内完成工作。我发现用这个方法不仅提高了工作效率，而且让我爆发出更大的能量，可以更专注地完成工作。

正如著名的帕金森理论阐述的那样："工作延长不过是为了填补用来完成这项工作的时间。"这话说得太对了！注意那些不起眼的工作。如果你放任不管，它们就会扰乱甚至羁绊你的工作和生活。快速把它搞定，你不仅可以提前完成任务，还能得到真正的动力，更感受到自己掌控力的提升。从今天开始，把这种迅速完成工作的办法融入你的生活，相信你的工作效率一定会远胜以往。

学会将不重要的事情委托给别人

有的人工作上瘾，但是他们过于勤奋，任何事情都亲力亲为，这样反而无法达到更高的成就。

委托别人是克服凡事都要亲力亲为的一剂良药。学会委托别人并不容易，但从长远来看，若想出类拔萃，委托别人在所难免，而且至关重要。

在我看来，委托有三种级别。

1. 把不重要的事情委托给别人做

首先，把那些普通的或不能带来重大利益的任务委托出去。在商界，判断事务是否重要的标准很简单：能赚钱吗？能帮助留住客户或员工吗？如果不能，只要能在公司里找到合适的人，那就让别人去做。

2. 把不擅长的事情委托给别人做

我们要面对现实：任何人真正擅长的事情（最多）可能只有四五样。很多人只擅长一两样。想想你的强项是什么，用一分钟列出来。

明确了自己擅长的工作，那么每天就尽可能把自己的时间用来做这些事，因为这是你的强项。听起来简单，但实际操作可能很难。许多人虽然明白这个道理，但结果仍然花了大量时间来做那些自己不擅长的事，比如管理图书、打扫办公室、行政管理，或者是修改 PPT。

坚持自己的强项，把这些强项当作工作重点，扩展它们，将它们发挥到极致。没有足够的投入是很难达到的。

3. 把不喜欢的事情委托给别人做

有的人就做不到这一点。他们坚信成功就是“没有付出就没有收获”，所以即使不喜欢也会耐着性子坚持。对此我保留不同意见。成功的关键就是做自己喜欢的事情，因为喜欢，所以能做得更好，也能更加坚定。

为什么要将自己的喜好最大化呢？还有一个重要原因。生活不仅仅是与金钱和成就有关。尽可能把那些不喜欢的事情委托给别人做是一个有效的策略，这样可以带来更多的生活乐趣。毕竟，一个人在弥留之际，不会想到赚了多少钱，而是追忆曾经拥有的快乐——无论是工作还是生活中的快乐。这和产能或时间效率同等重要。

获得帮助

前面讲述的是可以委托给别人做的三种工作。随着了解的深入，有人可能会认为，委托策略有个问题：找不到可以委托的人怎么办啊！或许你是公司里的小职员，办公室里只有你一个人，甚至你可能是全职父母。

这个嘛，如果只是钱的问题，那很简单。雇用一个助手，哪怕只是兼职的也好。要有人负责所有的杂事、所有的行政工作，自己去做那些创收的重要工作。现在，你可能觉得支付不起助手的费用。但我要说的是，如果没有一个专门处理琐事的助手，大部分人会得不偿失。

一般的经理或公司老板每天用来处理直接创收工作的时间可能只有两个小时，其他时间都用来做案头工作，在开会或者在电子邮件中挣扎。有个好助手就可以把那些有创收意义的工作时间从两个小时变成四个小时，甚至更多。所以你可以把真正赚钱的时间翻倍。要赚到足够的钱来支付助手的工资并不难，与其陷入那些工作中的细枝末节的泥潭，不如花些精力来物色一个得力的助手吧！

对于全职父母或非商业人士，可以用不同的方式去找助手。你可以和其他父母、朋友或同事组成一个工作小组，互相委托任务，分担有难度的工作，努力将工作与其他人的喜好和才能进行协调。可能有些工作你不喜欢，但别人却乐此不疲，反之亦然。不仅如此，如果你们中有人需要休息时间，其他人就可以把工作接过去。

学会寻求帮助，那些你不喜欢做的事就可以找到更合适的人，身边有一个强有力的团队支持你的感觉会相当不错。

将时间分成 10 分钟的片段

这一方法是我从著名企业家英格瓦尔·卡姆普拉德（Ingvar Kamprad）那里学到的。他是瑞典家具零售商宜家的创始人。他研究出一套独特地节省时间完成工作的方法，使他在一天内完成的工作比许多人一周完成的工作还要多。他发现，如果将工作日分成若干个 10 分钟的时间块的话，他就可以完成更多工作。在短时间内完成工作的这种方式使他提升了动力，专注度也大大提高。

正如卡姆普拉德说的那样："时间是最重要的资源。10 分钟内你可以做很多的事情，而不仅是拿工资时间的六分之一。10 分钟是自己的一部分。将生命分成若干个 10 分钟单元，尽量不要将这些时间浪费在毫无意义的活动上。"

这个方法我很喜欢。它不仅能够提高整体产能，还能帮你完成原本以为无法完成的事。

比如说，你不喜欢给新企业打陌生电话，可能拖了几个星期（甚至几年）。这个方法能把事情变得容易。只需要用 10 分钟打这些电话。毕竟，任何人在 10 分钟以内总能做点什么。只要开始就成功了一半。一旦你打了 10 分钟陌生电话，就不会像以前那样感到恐惧，很可能会继续打下去。重点在于：即使 10 分钟之后你没有继续打电话，也仍然取得了进步——这个进步就是如果没有开始那 10 分钟的工作，就永远不可能有后来的事情。

10 分钟办法的另一个重要好处，是可以提升精力。当你按照 10 分钟时间块来工作时，速度会很快。你飞快地完成各项任务后，发现自己恨不得马上进入下一个工作时段。精力越来越旺盛，这本身就给自己一种强烈的自信心。

在我情绪低落或者昏昏欲睡的时候，10 分钟工作法是我最喜欢的策略之一。可能一天中大部分时候我都干劲儿十足，但也会有很多时候我对要做的工作没有激情，感到倦怠。有时，我只是有些畏惧。在这种情况下，要全力以赴完成工作是很困难的。但是卡姆普拉德的 10 分钟策略帮助我迈出了艰难的第一步，继而全力完成了要做的事。

我喜欢卡姆普拉德时间管理方法的另一个原因是，我很崇拜他所取得的成就。卡姆普拉德不仅创立了世界上最大的家具连锁店，把高品质的时尚家居带入寻常百姓家，还有他的谦逊、节俭、低调，都成为大家的榜样。任何时候，只要条件允许，我都努力向那些了不起的人学习。老实说，如果 10 分钟策略对于像卡姆普拉德这样的商业巨头都能有效，对我来说当然也会很有用。

2 分钟原则

这是大卫·艾伦（David Allen）的建议，他是我发自内心崇拜的一位高效工作专家。浏览邮件、公文栏或备忘录时，无论翻到任何 2 分钟以内能解决的事，我会马上就去做。

很多人会拖延到将事情堆积如山，多得吓人，最后无暇顾及。结果就是淹没在堆成山一样的任务中无法自拔，人也变得烦躁和焦虑。但是有了 2 分钟原则，就可以在一天当中定期处理工作清单上的任务，将任务逐渐减少到可控的范围内。

这对人的心理来说也是有益的。工作快速完成，人就会产生进步的感觉，感觉自己能够驾驭所有的事情。同时，2 分钟内能完成的工作量有时也是惊人的。

不知你是不是有这样的感觉：很多事情要做，却总也挤不出时间？那就尝试给每个任务 2 分钟吧。尝试多次后你会发现，在那么短的时间内自己竟然可以取得实质性进展。所以，下一次遇到堆成山的工作时，迅速浏览一遍，看看哪些可以在 2 分钟甚至更短的时间内完成。做完以后的感觉会非常好，身边的人也会觉得惊讶，他们的诉求居然这么快就得到了回应，要做的事情都做完了。快速做完几件事通常使自己在老板或者客户那里有更多的余地，能够把更多的时间花在其他事务上。如果别人发现你在某些方面不负所托，就会对你格外器重。

听巴洛克音乐

是我精神失常了吗？ 350 年前的音乐和工作高效有关系吗？

事实证明，关系大得很。科学已经验证，工作时听听巴洛克音乐可以提高专注力，促进创意迸发，表现更加出色。

觉得不可思议是吗？其实是与音乐的节奏有关。大部分巴洛克音乐是4/4拍，科学证明可以放松思想，提高大脑中染色体之间的关联性。由此，思维变得更加清晰，大脑功能显著增强。

大家可以试试，非常简单。买一些巴赫的CD，或者下载一些巴洛克交响乐，工作时可以放来听听。可能需要听几支曲子后才能慢慢习惯这种音乐，但相信我，你在工作时的能量会越来越大，效率也会更高。

我的办公桌旁就有一个MP3播放器，每天早晨开始工作时，我就会听听巴洛克音乐，大约半小时左右。和大多数人一样，我也有精神不济的时候，但音乐会让我很快兴奋起来，脑子也清醒多了。

顺便说一句，巴洛克音乐帮助人们思考，但听太多重金属音乐会降低大脑的工作效率。大脑的确需要刺激，但不要过度。即使不喜欢巴洛克音乐，找些可以让人放松、有活力的音乐也是不错的选择。

使用负离子空气净化器

大脑重量约占人体体重的3%，却要消耗身体摄入的约20%的氧元素。很明显，氧气是大脑正常运转的关键因素。因此，呼吸的氧气越纯净，工作的效率越高。

但是现如今，在城市里要想呼吸纯净的空气几乎是不可能的。污染、电场、砂砾、污垢，在多数大城市都是司空见惯的东西，大大降低了空气质量，也降低了思考的质量。

空气就好比汽油。给车灌注劣质、不清洁的燃料，你的座驾明显就不能呈现出最佳状态。加入高质量汽油，车子开得更快，也能行驶得更持久。大脑也是如此。呼吸纯净的氧气，大脑就有活力，而污染过的氧气，大脑不但会生气，还会影响身体健康。

空气质量与离子数直接相关。在乡村，空气中有大约50%的正离子和50%的负离子。但是在城市，这种平衡被打破了。也就是说，每天都要飞速运转的大脑用的却是劣质“燃料”。

因此，如果希望大脑以最佳状态运转，要么住在乡村，要么用一台机器来重新平衡空气中的离子比例，比如负离子空气净化器。

负离子空气净化器在各大百货商店均有销售，使用方法也很简单。插上插头，机器就可以净化身边的空气了。我有两台，一台放在办公桌前，一台放在卧室里，这样每天晚上睡觉时能够呼吸六七个小时超纯净的空气。

如果人们想保持最佳状态，就得注意那些能够帮助自己的工具。事实证明，优质的负离子空气净化器这样的技术设备对忙碌的城市工作者愈加重要。

成为生活效率的主宰

这一整套方法和技巧可以每天使用，意在将工作效率最大化。这些东西都是有用的，都是我自己历经实践验证过的。如果这些方法能够帮助像我这样曾经毫无条理、散漫懒惰的人变得高效有序，不可能对你没有作用。

另外，如果你不能主宰时间管理和工作效率，却仍想出类拔萃，那就只有一个办法，就是比竞争对手付出更长的工作时间——那只会让你筋疲力尽、无聊透顶。

但如果善于管理时间，那么一天中所取得的成果就能超过一些人一周的成绩，那一年内取得的成绩就能超过大部分人十年的成就。

04

固定思维模式

想象一下，如果有某种思维方式，可以保证自己成为成功的人，如果有一种信念机制，大部分“天才”都有，而大多数平庸的人没有，结果会怎样呢？

假设真有这样一种思维方式是可以学得到的，那人们只要学会了，生活中几乎每个方面都能得到改善。

知名心理学教授卡罗尔·德威克（Carol Dweck）认为，确实有这样一种思维方式，叫作成长心态。

在过去的二十年里，德威克和学生们一起研究人的心态对成败造成的影响。他们的研究成果显著，潜移默化地改变了很多人的生活。

很早以前，德威克教授就确信，信仰会以各种方式影响人们的表现。但是一段时间过后，她发现有两种心态对人们的成败影响最大：固定心态和成长心态。

我们一起来看看这两种心态的特点，再来探究从每种特殊的思维模式中衍生出来的结果。

具有固定心态的人相信，他们的品质与能力、智商和天赋也是固定不变的，总是用停滞的眼光来看待自己。在人生余下的时间里，他们只能在这些已有的天赋和能力范围内工作，无法超越这些能力。这类人的思想是，与生俱来的东西是无法超越的。

根据德威克的研究，如果人们抱有这种心态，各种问题将接踵而来。

首先，人们不会将自己的弱点展现在他人面前。具有固定心态的人更愿意将自己不擅长的方面隐藏起来，生怕别人知晓。比如，我认为自己的智商只达到了某个层次，因此不想把自己的智商底线向他人展示。然而，这种心态会在生活中引发各种负面行为。

不够努力。德威克的研究表明，具有固定心态的人通常不会尽全力去应对有难度的挑战。为什么呢？只是因为他们害怕失败，那会令他们感到难堪。他们觉得如果努力过却失败了，其他人会发现他们能力有限。但是如果他们没有尽全力，一旦失败，就有现成的理由——玩玩而已嘛，又没有尽全力。他们还认为，成功要有天赋，因此没有太大必要去努力，这样的态度要想成功几乎是不可能的。

过早放弃。具有固定心态的人会给人这样一种印象：生活对他们而言不需要努力。他们认为，单靠天赋，他们就应该能够取得不错的成就。因此，当尝试极具挑战性的事物时，他们通常会退缩一旁，很难坚持下去，以免暴露自己的不足。如果他们在某个目标上没有迅速取得进展，通常就会放弃，而不是竭尽所能。将自己难堪的一面展现在他人面前，他们觉得那样是很丢人的。

没有拓展自己的专长。通常，深受固定心态影响的人认为，应该向众人展示自己天资聪颖。然而，对他们而言，矛盾的地方就是他们不喜欢尝试新事物（因为他们不可能很快表现出对这些领域的擅长），所以只敢在那些自己已经非常有信心的方面炫技。他们重复做着自己擅长的事，极少在新的领域扩展技能。具有这种思维方式的人，生活的格局会变得相当有限。固定心态的人就只能生活在相当有限的世界里，不会扩展自己的世界，因为他们不喜欢那种外行的感觉，感觉很不舒服。即使许多机会因此而流失，他们也宁可抱着已有的专长不放。

接下来，我们来看看具有成长心态的人，看看什么是成长心态，以及这类人的特点。

成长心态

具有成长心态的人认为，才能不是固定的，即使开始是外行，但是通过不懈努力，最终也可以提高自己的能力，成为内行。

具有成长心态的人，他们世界的中心是学习——他们认为学习是在任何领域取得成功、在生活中收获幸福的秘诀。事实上，没有什么比不断学习、提高技能更能让这些人感到快乐了。

他们富有激情，相信自己的能力不是一成不变的。他们认为，凡是别人能做到的事情，自己也可以做到，只要有足够的练习和时间就可以。

具有成长心态的人发现，超越现有的能力，拓展自己，是一件极其令人兴奋的事。鲍勃·迪伦（Bob Dylan）的名言“不成长即死亡”即是具有成长心态的人的座右铭。

这是一种令人兴奋的思维模式，因为它激发的行为方式富有活力、令人愉悦。这样的人具有如下一些特征。

不轻易放弃。典型的具有成长心态的人有坚定的毅力。这是因为他们做事不怕出错。他们享受面对困难时解决困难的过程，实际上，他们经常主动寻找有难度的事情。遇到挑战，他们会尽全力去克服，这让他们感到兴奋和激动。艰难的奋斗过程很少让他们丧失信心，相反只会让他们充满活力。

乐观思维。具有成长心态的人并不是抱着不切实际的想法盲目乐观，他们和别人一样，也会有情绪低落的时候。但是他们相信自己能够克服困难，所以对待生活的态度比身边那些抱有固定心态的人要积极得多。具有乐观精神的人感受到的压力更少，幸福感更多，表现也更从容。困难对于成长心态的人来说只是暂时的，因为他们对自己的人生保持着乐观向上的态度。

快速提升。人们常常看到有成长心态的人会不断改善他们所专注的任何领域。有一点几乎是不会改变的：他们会一直努力改善身周的环境，生活品质也会随之得到提升。与持固定心态的人相比，他们可能不是那么天赋异禀，但他们一直在成长和进步，因此最终能超过那些固定心态的人。从长远来说，一个不够“聪明”但具有成长心态的人所取得的成就，往往可以超越那些高智商的固定心态的竞争对手，因为他们不断提高自己的能力，直到变得优秀。

大家可能很熟悉日本人“改进管理方法”的理念。这是日本制造业过去五十年的核心，对第二次世界大战后日本工业力量的崛起起着至关重要的作用。“改进管理方法”这个说法在英文中是“微小而持续的改进”（small and continuous improvements）。日本人相信，如果这种理念能够应用到某个领域，那这个领域就一定可以做得更好。

具有成长心态的人都是改进管理方法的高手。他们总能发现各种方法来提高自己的技能和能力，哪怕只是一点点。这样不断积累、进步，最终将带来巨大的收获，人们对生活的满意度将显著提升。

在具有成长心态的人心里，有效性取决于他们处理失败的效果。具有成长心态的人并非对痛苦和抑郁免疫，而是相信自己可以学会找出解决任何问题的方法。他们持之以恒，往往最终能克服困难。对他们而言，笑着没有绝望的时候。他们相信自己可以克服困难，只要找到解决问题的方法就行了。

你能学会任何东西

很多失败的人总有一个根深蒂固的观念：有的人就是生来比别人聪明。尽管人的智商确实与基因差异有关，但事实是，人脑功能十分强大，可以学会克服几乎所有与生俱来的劣势（只要大脑的基本功能健全就能做到）。

德威克在研究中表示，历史上许多成功的人实际上都不是天赋很高的人。他们超凡的成就来自自身的壮志雄心、持之以恒和艰苦奋斗。

托马斯·爱迪生可能是历史上最杰出的发明家，他的成功并非只在于他的天赋，而是源于孜孜不倦的探索。据说他经常工作到很晚，常常在实验室里睡觉。流传最广的故事可能就是发明电灯的故事了，他做了一万多次实验后才发明了第一个白炽灯泡，从此永远改变了整个世界。若不是那些数不清的、磨砺心智的各种努力，爱迪生也不会取得如此高的成就。

有人曾经问爱迪生，成功的秘诀是什么？他说，秘诀就是“将自己的体力和脑力全部用来不知疲惫地不断解决问题的能力”。说得更直白一些就是：学习、学习再学习，努力、努力再努力。

我们可能会为莫扎特“与生俱来的天赋”感到惊叹，可是极少有人知道，莫扎特写了 10 年乐谱之后才真正创作出著名的乐章。是的，他也是含辛茹苦十年以后才取得举世瞩目的成就，与其他任何一个取得卓越成就的人并无二致。

迈克尔·乔丹可以说是篮球史上最杰出的运动员，但他上高中时连校队都进不去。后来，即使他已经成为 NBA 的顶级球员，在训练时，他依然比队友到得早，走得晚。乔丹知道，即使有所谓的“天赋”，长盛不衰的秘诀还是继续努力。

阿尔伯特·爱因斯坦的小学老师认为他资质平平。可是爱因斯坦经过不懈努力，最终成为班级的尖子生。

孜孜不倦的练习对成功的作用以及大器晚成的例子，在研究员本杰明·布鲁姆（Benjamin Bloom）做的成功人士研究中屡见不鲜。布鲁姆研究了不同领域 120 位顶尖人物的早期生活，这些人包括网球运动员、游泳健将、医生、科学家、钢琴家等。他发现一个非常奇怪的现象。这些超级明星中大部分人在孩童或少年时期并没有展现出非凡的力量或才能。看着他们 10 岁出头的时候，人们很难发现他们的过人之处。不同的是，他们有持续的动力和不懈的努力，以及身边强大的支持，才造就了日后他们的非凡成就。

这对我们来说是个绝好的消息，它意味着只要我们注重培养成长心态，就有无限的发展空间。

争做具有成长心态的领导

成长心态不仅适用于自己的生活，也可以影响他人。从那些具有领导艺术的人身上，我们不难发现，他们能够激发出追随者优秀的表现、忠诚的态度和坚持奋斗的精神。德威克教授的研究结果显示，在商界，具有积极心态的管理者都有一些足以使自己成为领导者的特征。

首先是培养下属。他们没有等级观念，也不是强势的领导风格，总是能够发现、鼓励并赞赏下属的努力，即使那些努力并没有获得预期的效果。他们不断培养并激励员工，发挥员工的最大价值，解除他们的后顾之忧，由此改变公司的整体氛围。这样员工也对自己和公司抱有更大的希望、更加乐观。于是，他们对工作更有热情，公司将朝着越来越好的方向发展。

事实上，最好的成长心态领导者会欢迎失败——只要这些教训是有价值的或者失败的人已经尽了全力。

IBM 的前任总经理兼首席执行官托马斯·沃森（Thomas Waston）有个经典的故事。一名员工犯了很严重的错误，被沃森叫到办公室。这名员工笃定自己将被开除，沮丧和愧疚地耷拉着脑袋来到这位商业巨子的办公室。

“沃森先生，我想你会开除我。”员工失落地说。

“你开玩笑吧？”沃森回答说，“我花了将近一百万美元给你上了这一课，课你已经上了，我为什么要开除你？”

可以想象，这名员工离开沃森办公室时，必定是信心满满，干劲儿十足。

杰克·韦尔奇（Jack Welch）是大家公认的美国最伟大的大型公司 CEO，当他还是通用电气公司的一名低级经理时就有过类似经历。

韦尔奇曾经审批了一项实验，导致他负责的工厂里发生了一次大爆炸。尽管没有人受伤，但灾难发生时真的是天塌地陷。

那晚，韦尔奇独自一人开长途车来到老板家，告诉他这个可怕的消息。但是这次会面的进展并不像他想象的那样。老板并没有大发雷霆，而是不断地问韦尔奇负责什么内容，发生了什么事，他从中得到什么教训。当谈话结束，韦尔奇走出老板家门时，他又恢复了自信：无论如何，自己在公司里还是能独当一面的。这就是成长心态领导艺术的应用。

有了这次经历，韦尔奇开始有意识地锻炼自己的领导艺术，提拔、鼓励下属，而不是像许多其他公司的领导那样轻视和贬低下属，总是一副高高在上的样子。

举这个例子并不是说韦尔奇以前是个不称职的领导。事实恰恰相反，他曾是世界上对工作要求最严格的一位经理，并因此成为传奇人物（让人想不到的是，他曾经主张把年度业绩排名在最后 10% 的经理解雇）。只是后来他将那种不断学习的心态在自己身上扎了根。他成为员工的拉拉队长、教练以及（高级经理的）导师，将多重角色集于一身。员工在他的领导下表现得都很出色。

关于成长心态领导艺术的另一个经典例子是纽约市长迈克尔·布隆伯格（Michael Bloomberg）。想想这样一件事：布隆伯格以前为金融巨鳄所罗门兄弟银行工作，后来被解雇了。但他并没有因此郁郁不得志，放纵自己，而是发明出一种新型的外贸员电脑系统。后来布隆伯格开拓商机，新创的贸易软件迅速攻占市场。他的业务抢占了宿敌路透社的大量市场份额，后来更是身家几十亿美元。

在近花甲之年取得了如此巨大的成就，想必许多人都会躺在功劳簿上沾沾自喜。布隆伯格却不是这样。他是一位名副其实具有成长心态的人，不断寻找新的挑战。他决定离开已经建立起来的庞大的商业帝国，最终成功竞选成为纽约市市长。

正如我们知道的那样，他实现了一个了不起的目标，但典型的成长心态让他面对眼前的成就并不安于现状。就任市长期间，他取消了市长的豪华大办公室，用开放式格子间与下属隔开办公。为了把纽约建设得更好，他和市政各部门的负责人一起讨论，听取他们的意见、想法和设想。

许多人也相信，布隆伯格有朝一日可能会竞选美国总统。怎么不可能呢？对于一个真正具有成长心态的人来说，只要他们努力工作、持之以恒、勤勤恳恳，任何技能都能学会，任何机会都可以抓住。我要向迈克尔·布隆伯格的勇气、远见与自信致敬，他是一位励志榜样！

迎接挑战

在婚恋关系方面，有成长心态的人相信，关系中有难以解决的问题是很正常的，并不是谁的品行有缺陷。而固定心态思维方式在看待二人关系时，总是认定伴侣存在某些性格缺陷，继而认定缺陷是固定不变的（就像固定心态一样），所以关系没法改善。如果双方中有任何一方持有这样的观点，那么关系破裂是迟早的事。

具有成长心态的人不会因为有问题而退缩（实际上，他们更愿意解决这些问题），也不会埋怨。他们知道，目前的问题是暂时的，而且根源不一定在对方身上。他们知道，任何人都不完美——因此任何关系都存在缺陷。他们承认，每个人都有需要努力改掉的毛病，自己也不例外，需要不断反省和进步。这才是保持人际关系和谐的秘诀。

即使关系破裂后，具有成长心态上的人会有如下想法。

多多体谅。他们的体谅不一定是要把伴侣拉回来（通常是相反的），但不会长久地积蓄对其愤怒、厌恶或痛苦的情绪。这类人典型的观点是，过去的关系可能不是个好主意，但是他们要努力放手，继续前行。这种态度可能不会减少情绪上的痛苦，但可以减少这种痛苦延续的时间。

苦难只是暂时的。认识到这一点很重要。即使处于极其焦灼的情感折磨中，具有成长心态的人也能深刻地认识到，这些困难一定会过去。恰恰因为他们能够看到希望的光芒，才能够抱着一定的乐观态度与希望继续自己的生活。有时，这种希望很渺茫，但是这种强烈的积极心态贯穿于他们整个人生，拯救了他们的生活。

努力吸取教训。积极心态的人群审视自身，也许不是在关系破裂的当口，而是在关系结束后的几周或几个月。他们问自己："我到底应该怎样做才能避免这样的事情发生？我该如何调整下一段关系？我如何才能改善自己的行为？"这些问题都很难说清楚，要想回答更是难上加难，但是这种积极进化自我的结果就是未来更充实、更幸福地生活。

展望未来。具有成长心态的人可能在情感上十分脆弱，面对争吵心力交瘁，但是一旦关系破裂的境况无可挽回，他们不会过多沉溺往日的回忆，而是更加关注未来。他们跌倒后又爬起来，开始重新创造自己的生活，再次寻找真正适合自己的伴侣。他们相信未来会遇到相见恨晚的对象，因为他们在内心深处相信自己。他们相信自己有能力不断成长、适应环境和克服任何可能出现的问题。

上述四种信念，且不说每条都有，哪怕只有一种，人就可以活力四射，迅速从上一段感情中恢复过来。实际上，这些信念能够帮助大家走出任何困境。

所以说，这就是成长心态在人际关系、商界和生活中的力量。简单地说，具有成长心态的人能取得更多的成就，享受更美好的生活；而具有固定心态的人将自己束缚在一个狭小、封闭的世界里，与大千世界的美妙格格不入。我们每个人都应努力将自己变成一个积极的成长心态者。

向好的方向发展

许多人读到这一章时可能会好奇，自己是否可以从固定心态变为成长心态呢？

当然可以。不过这样的改变需要更加专注，更多的精力和时间。只要意识到这两种思维方式的存在，就足以改变人们的行为。

要想真正具有成长心态，就要审视自己的生活，制订一些计划。问问自己：

- 我希望以哪种方式改善自己？
- 我希望怎样成长、变化？
- “全新的自己”看起来会是什么样子？有何感受？会怎样为人处世？会取得什么样的成就？

这些问题让人心潮澎湃，能够真正让你不断前进、充满能量、朝气蓬勃。一旦明确了希望成长的方向，那就把接下来几周会按照什么步骤达到目标写下来。记住：在成长的道路上，人们不必知道每一步——只要知道下一步即可。一旦迈出这一步，剩下的事就会越来越清晰。

一想到设计一个成长计划，每天只需稍稍想想这个计划就能改变自己的生活，你肯定觉得不可思议。只要把注意力集中在这个计划上，实现计划的所有办法就会涌现在你的脑海里。

然后，当你遇到生活中不可避免的障碍时，一定要问自己这样的问题：“我从这件事中能够学到什么？我如何才能利用这件事变成一个更优秀的人？下一步应该怎样做才能改变现状呢？”

这些问题都很简单，但是一旦反复问自己这些问题，形成一种思维模式，生活就能不断改善，即使遭遇挫折也能一直向目标迈进。

改变一生的理念

我得说，学习成长心态的力量对我自己的生活质量产生了重大影响。既然已经明白持续的学习和成长是高质量生活的秘诀，那就可以加快速度重点研究新领域。现在，我越发努力扩展自己在工作和生活中的知识边界。

人们在某个领域的能力达到一定水平后，很容易得过且过，走向平庸，获得的成就也不再提升。但如果持续学习产生的力量让你感到兴奋时，情况很快就不一样了。给自己的学习曲线多一点压力，对涉足的领域挖掘得更深入，能力也会得到提高。所有这些行为的结果就是不断成长，不断进步，满足感不断增强。

德威克的研究还让我进一步思考自己的天赋到底是什么。有很多东西我过去总认为自己并不擅长——首当其冲的就是数学和金融。我记得上学时数学成绩非常差，我几乎彻底放弃。我总是认为自己是数学白痴，无论如何努力也无法改变。然而，德威克的心态研究让我开始质疑这样的想法。

回顾过去在学校里与数学抗争的日子，我意识到不擅长数学的主要原因不是脑子天生有问题，我并不缺乏任何神奇的数学基因，只是我从来没有想过真正努力把数学学好。只要遇到一点点难度，我就放弃，结果就越来越差。很明显，我对数学抱有一种消极、固定的心态。

现在，我明白了自己对成长心态有一定了解，发现小时候的数学很容易学，我还设计了一个数学的学习计划。一旦我专注于某个领域，这种信念就会愈发坚定。或许我从来没有在国际数学奥林匹克竞赛中得奖，但再也不会对数学感到恐惧了。

现在你想明白了自己在生活中哪些方面做得不好了吗？你在这些方面表现并不突出，是不是只是因为你还没有真正努力去做好呢？如果你在某个领域出类拔萃，生活将会呈现出怎样的景象呢？值得再试一次吗？

这些问题非常能激励人心。一想到如果继续专注地学习，不断成长，提高能力，生活焕然一新，我就会变得兴奋起来。

很明显，具有成长心态的人，前途一片光明。

05

精力不足

真理在于，成功就是奋斗。

不可否认，有些人的成功很容易，人生道路一帆风顺，可这样的人毕竟是极少数。而且只要读过几本关于富豪、名人、天才的传记，你就会发现，成功的关键还是老生常谈的努力工作，有时甚至是忘我地工作，单调乏味、倍感压力而又非常拼命地工作。

不少人在追求成功的初始阶段，精力充沛，干劲儿十足。但是通往成功的道路十分漫长，大部分人往往半途而废，思想的火花和前进的动力变得无影无踪、虎头蛇尾，最终一事无成。

精力充沛之于成功尤为重要。人们长时间工作，清晰地思考，保持积极心态，都需要精力。然而很少有人努力使自己的精力保持在一个较高的水准。

在我看来，人的一生中，精力不是一成不变的。精力有限也是阻碍人们成功的一个非常重要的原因。很多人非常愿意努力地工作，实现人生更高尚的目标，却因为生活的挫折耗尽精力。而后，他们忘记了自己的梦想，只盼安稳度日，得过且过，而不是努力奋斗，超越自我，追求理想。

如果这种情况听起来和你有些相似，那就打起精神，本章会告诉你一些方法，一定能帮助你精神百倍。提升精力以后，再想要沿着通向成功的高速公路快速前行就会容易得多。相信我。

下面，我们就来看看这些已经得到验证的精力提升法。

睡眠质量很关键

提升精力的第一步就是检测自己的睡眠模式。高质量的睡眠对于高水平的表现至关重要。人在睡眠时，身体修复机能高速运转。肌肉在放松，思想也在休息中恢复活力。

还有证据表明，睡眠不足与高血压和胆固醇有关。长期缺少睡眠甚至会引发癌症，比如上夜班的工人比那些朝九晚五的工作人群更容易患结肠癌和乳腺癌。

睡眠充足还可以帮助减肥。两种荷尔蒙生长素和瘦蛋白可以帮助抑制胃口，如果睡眠不足，这两种荷尔蒙分泌就不足。因此，有规律、高质量的睡眠至关重要。

大家可以看看下面介绍的几点内容，看看是否也影响了自己的睡眠。

黑暗

绝对的黑暗对高质量睡眠至关重要。松果腺是非常重要的大脑调节器，对光线十分敏感。保持卧室黑暗，松果腺就会告诉大脑现在是夜间，并开始帮助身体调节荷尔蒙分泌，清理大脑，归档系统。留灯会阻止大脑修复机制保持应有的工作强度（因此，儿童睡眠时不应留夜灯）。应用窗帘或百叶窗可以将窗外的光线完全遮挡。

电力磁场

检查并确保身体周围没有电脉冲。如身边有电子钟、取暖器、电视和音响设备，请将这些东西移开——这些设备产生的电子磁场会对人体电场产生不利影响，结果导致身体不易放松下来进入睡眠状态。最好也不要有任何电线在床下穿过。换上普通的毯子，不要用电热毯。理想状态是，把闹钟放到隔壁房间去。这不仅有助于睡眠，闹铃响了，起身去按掉闹铃也能防止睡懒觉。

扫除灰尘

记住，人们每天在卧室里待的时间至少有 8 个小时甚至更久。在此期间呼吸的氧气质量对第二天积聚的能量也会产生重大影响。定期用吸尘器清洁卧室也能减少藏匿在床垫或毯子中各种微小虫子的数量。卧室看起来可能很干净，但若是知道实际有多少微生物与你同处一室，恐怕会让你感到毛骨悚然。每周掸掸灰尘、打扫卫生不仅有助于睡眠，还能改善人的整体健康状况。

要清扫空气中的灰尘，最好的办法就是买一台负离子空气净化器。这种净化器会生成几百万个负离子，可以附着在灰尘颗粒上再落到地板上，然后用吸尘器吸起来。要认真对待睡觉时呼吸的空气。人的一生有三分之一左右的时间是在卧室里度过的——如果卧室里的空气质量很低，人的精力以及生活质量自然也会很低。

至少保证 7 个小时睡眠

关于睡眠时间有很多说法。许多睡眠专家说最少要有 8~9 个小时。有人说至少要 7 个小时。我所知道的是，工作忙碌，社交活动丰富，还要保持每晚 8 小时睡眠，做到这些很困难，能够做到这一点的人令我佩服。

我的建议是，无论有多忙，睡眠不要少于 7 个小时。你可能认为这是在浪费时间，但是睡眠对人的记忆、创造力、心情、生物衰老的速度，当然还有精力水平，都有很大影响，这一点大家都有共识。要想不过度损害健康，每晚保证最少 7 个小时的睡眠时间。如果你无法保证 7 个小时睡眠，那就要考虑时间管理机制——或许你的机制还不是最佳方案。

检查饮食习惯

人们吃的食物对精力有很大影响。比如，如果少吃肉，一般来说精力会更好。我知道有个问题：你认为消耗能量最多的两种活动是什么？答案是惊人的：做爱和消化食物。如果你消耗了大量沉重的肉食，那么身体在分解这些肉食时也会消耗许多能量。相对而言，水果和蔬菜（主要成分是水）很容易消化，只需要少量能量即可。下周就尝试一番，感受一下这种能量消耗的差异。

将肉食摄入量减半，你会发现每天的精力要好很多。每次吃完一顿肉食大餐后，人们通常都会感觉倦怠，甚至昏昏欲睡，不是吗？消化肉食的过程让人感到疲累，同时要消耗更多能量。少吃肉食可以让精力水平迅速提高。

顺便说一句，还有一个饮食方面的问题会直接影响到人的精力水平：咀嚼的方式。快速咽下番茄牛肉意大利面意味着胃部要更加努力工作来消化食物。咽下去之前充分咀嚼，这样胃里消化食物的过程就会轻松许多。并且，咀嚼得越细致，胃分泌的消化液就越多。充分咀嚼真的是享用食物的一个秘诀。

改善环境

下面要说的精力提升关系到人们思想上的精力，即保持家里和办公室的整洁。人们可能不会把乱糟糟的办公室和精力消耗联系在一起，但事实上，杂乱无章的环境会给人带来压力。如果东西丢了，自我感觉很差，身边又乱成一团，让人心绪烦乱，不知道下一步要干什么。杂乱无序的环境是消耗精力的一个重要因素。

解决这个问题有两个简单的办法。第一个是每天晚上到家后，或者每天早晨出门之前，花 10 分钟时间打扫卫生，每天在固定时间做这件事。这很重要，可以帮你养成习惯（为了提醒自己，在回家一进门就能看到的地方贴一个便签，上面写着“10 分钟打扫”）。另一个基本的技巧是，每周在日记本上留出 30 分钟的整理时间。适合打扫卫生的时间是周一晚上或周末。一定要写在日记本上，这样才能保证做得到。

相信我的话，如果工作环境和家庭环境变得整洁有序，你就能释放大量的心理能量，就不会有那么多担心的事，可以进行更多有序的思考。不管怎样，思想状态通常能反映出周围的状态。

运动

运动是提升精力的有力武器。身体健康，思想充满正能量，这二者之间的关联性是显而易见的。许多从商的人都说，自己全心全意将工作做到极致，却很少或从不运动。这很危险。我建议每周至少运动三次，那样你的能量就会显著提升，思想更积极，专注的时间也更长久，整个人也会变得更乐观。我相信几乎所有想成大事的人都有定期锻炼的习惯，锻炼对工作的好处数不胜数，不可忽视。

如果一想到穿着运动鞋摔倒的样子就会觉得窘迫，那我有个简单的方法来帮助你。每天早晨步行 10 分钟。10 分钟不算什么，任何人都可以走 10 分钟。每天 10 分钟的运动可以改善血液循环，肺部能获得更多氧气，加速人体新陈代谢，整个身体（以及大脑）也会因此得以改善。长期坚持下来，你会发现：自己的运动时间越来越长，运动逐渐成为你生活中的一部分。

拉伸运动

瑜伽这项运动源于印度，至今已有三千多年的历史。几个世纪以来，瑜伽逐渐传向亚洲并遍及全世界，是一种深奥、神秘、组织性极强的运动，能够在更高层次释放身体、思想以及灵魂。

人们不必非得成为瑜伽大师才能享受这项运动的益处。每天只需做 5 分钟瑜伽拉伸动作，就能极大地提升自己的能量。按照瑜伽专家的说法，身体是一个复杂而强大的能量站。能量线（俗称子午线）遍布身体各个部位，给人提供运动、思想和呼吸的力量。但有时，如果人们运动不多或感到紧张时，能量线就会堵塞。开始人们可能感觉不出来，但一段时间以后就会觉得越发精神不济，经常还会情绪低落。瑜伽拉伸运动的作用正是帮你打通能量线。只要做 5 分钟，5~10 个常规拉伸动作，这些能量通道就疏通了，能量流动又畅行无阻了。

你可能觉得奇怪，仅仅 5 分钟的拉伸练习和能量水平有什么关系。练习一系列基础瑜伽动作之后，你会觉得更积极、更有活力、思维也更清晰。做事的进展也会更容易，身心都更放松。

瑜伽拉伸对身体和大脑的机能的改善是非常明显的。我在书中就不过多介绍瑜伽动作了，只需要去网上搜索“瑜伽姿势”或者报名参加瑜伽培训班即可。

每天晒太阳

人体需要阳光。走在室外，阳光照耀着眼睛和皮肤，太阳的能量也包裹着人的整个身体。专家们表示，适量的紫外线照射有助于大脑更好地运转，改善心情，补充身体所需的维生素 D 和维生素 E。

阳光也确实可以帮助提升人的能量。整天关在办公大楼里，坐在氖气灯下，并不能改善健康。每天腾出些时间去沐浴新鲜的空气、温暖的阳光，可以为身体补充活力，让人精力倍增。

现在有一种观点，有人认为阳光对人体有害，会导致癌症、加速衰老。我认为这完全是个程度的问题。持这种观点的大部分研究者都认为，每天晒晒太阳与极少接触到阳光的人相比，利大于弊，益处多多。不过，长时间处于阳光照射下（比如每天晒几小时太阳）确实会对健康造成损伤。但生活在城市中的大部分人，实际情况不是太阳晒多了，而是与阳光接触的时间少得可怜。

调整生活方式

既然我们是这浩瀚宇宙的一部分，我相信，我们应该遵循某种规律去生活，这是很自然的事情。我并不是说生活不应该自由随性，而是每日需要用严格的秩序和规律来保证这种自由，正所谓自律给你自由。

如果生活井然有序，人的精力也相应得到明显提升。如果每天在固定的时间起床，每晚在固定时间睡觉，思想和身体就能形成一种节奏。如果能固定在同一时间锻炼，身体就能享受到这种规律带来的微妙改变。每天晚上在固定时间做具体的事情或放松，身体会受益于这种条理性。

如果生活不规律，每天醒来的时间不一样，暴饮暴食，时而运动过量，时而懒怠数周，身体状态会比较差，精力也会相应减少。

请不要误会我的意思：我并不是主张无聊、机械的生活方式。我只是说，生活如果没有良好的规律，就不是大自然应有的方式——凡是违背自然规律的事情都不会长久。

如果感到情绪低落、精力不足、做事没有方向，那就从建立基本的生活秩序开始吧。相信我——一周之内你会感觉好很多，精力也会得到极大提升。

多听音乐

就我个人而言，我提升精力水平用过的一个非常好的办法，就是到办公室以后播放一些经典音乐。研究表明，经典音乐（尤其是巴洛克音乐）能够明显提升人的精力，让人更有创造性，甚至还能提升情商。早晨听听振奋人心的经典音乐，就像给大脑注射了维生素。音乐能舒缓情绪，激活神经细胞，使人变得更有活力，更加精力充沛。

音乐疗法的妙处在于简单易行。自穴居人类开始一起拍手以来，音乐一直是人类文化的组成部分，而且音乐在心理学甚至在分子层面上对人类都产生了深度的影响。聆听自己个人收集的音乐可以提升每天的工作质量和家庭生活质量。生活中如果没有音乐，人类会失去很多乐趣和激情。

少喝咖啡

喝咖啡提神效果显著。研究表明，喝咖啡可以提高大脑工作效率。不仅如此，许多运动员都说，比赛之前喝点含咖啡因的东西有助于在比赛中表现得更好。

不过，我建议每天喝咖啡不要超过一杯，原因有两个。第一是咖啡带来的兴奋感消散以后，会使人感到疲累。喝拿铁之后几个小时，精力水平反倒不如喝拿铁之前。咖啡是通过多种渠道向未来“借用”能量的。一旦开始用咖啡作为刺激大脑运作的手段，就很容易养成每天喝很多咖啡的习惯。很快，身体就会成瘾，没有咖啡就无法好好完成工作。

不能喝太多咖啡的第二个原因是，咖啡会影响荷尔蒙分泌。

不久前，我很幸运地得到了一张入场券，参加了蒂埃里·赫托格博士（Dr. Thierry Hertoghe）主讲的医学界专家会议。赫托格博士是世界知名的荷尔蒙研究专家。在研讨会的提问环节，有人问到，给人类荷尔蒙系统带来最大危害的因素是什么。他的答案只有一个词：咖啡。接着，他说人类荷尔蒙系统是非常脆弱的，饮食中哪怕有最细微的变化都会对荷尔蒙分泌产生影响。

他让我们假想一个奥运会规定尺寸的游泳池，想象在游泳池里撒了一撮盐。他说，如果这个游泳池就是人体荷尔蒙系统，那么这撮盐就是荷尔蒙的一个变化，这种细微的变化在身体系统中很快就能被感知到。人体的荷尔蒙是相当敏感的。

赫托格博士认为，我们应该非常注意，不要在饮食上过多地改变人体天然荷尔蒙的平衡，而咖啡就是最厉害的杀手。

所以，要特别注意：每天只喝一杯咖啡，不要养成多喝咖啡的习惯。否则，人体的能量系统将会受到干扰。

积极地自言自语

下面我要介绍一种保持精力旺盛的方法：每天积极地自言自语。无论是走在大街上，还是在电梯里独处几分钟，都要给自己一点激励。不过，一个小小的提醒——心里默念就好，不然别人会以为你有精神病。

我一直是这样做的。我会花点时间再三强调自己想成为哪种人。我的目标很明确。我告诉自己，接下来的会议会很特殊，我是最棒的。或许你会觉得这样自言自语有些不自在，但我向你保证，这种做法真的有效。大脑几乎可以对接收到的任何指令做出反应。向大脑强调快乐，它就可以变得快乐。告诉大脑，你精力充沛、信心十足，那么能量就可以提升。如果整天不跟大脑有所

“交流”，它很快就会走上消极思维的模式。

积极自言自语的窍门就是要持之以恒。开始几个星期可能需要适应的过程，慢慢就会成为一种习惯。很快你就可以成为自己的私人教练，不断激励自己。你的精力和热情也能随之飙升。

记住：你是什么样子，大部分时候取决于你认为自己是什么样子。要求自己只能以建设性的、积极的方式进行思维，生活只会变得越来越好。如果消极的自言自语控制了你，无论你多么富有、多么成功，你的生活状态都不会太理想。

喝保健饮品

可以提升精力的另一个方法是绿色植物饮品。不管是螺旋藻还是芽草、大麦、菠菜或芹菜，每天摄入一定量的绿色植物饮品，能够大大提升身体的能量。

当然，不必把大包的蔬菜买回家自己压榨，只需在当地保健食品店中购买冲饮即可。我是怎么发现这些绿色饮品的奇妙力量的呢？有一天，我走进本地一家保健食品商店问店主：“如果我只想买一种产品改善健康状况，你会推荐什么？”他不假思索，指着一种浓缩绿色植物饮品说，他和他的顾客已经饮用这种产品很多年，效果特别好。店主没有说谎，对我而言，效果不错。

大家也试试吧。

把能量提上天

这一整套已经经过验证的技巧、产品、策略，可以从思想和身体两个方面提升你的精力。

假设你把这些策略中的每一项都用一遍，想想会有什么效果。那不是一星半点的能量提升，而是极大程度地提高。工作时间可以更长，而压力更小，思想更积极，感觉更幸福。这些精力提升技巧真的可以改变你的生活。

06

提错误问题

接下来要讨论的问题，可能使你的生活产生大的变革——不需要几个月、几年甚至几十年时间，只需要几天就有可能实现。

引导未来的只有一种力量，简单却极其强大的力量。这种力量可以改变健康状况、生活质量、物质保障以及整体的幸福感。人们每天都在运用这种强大的力量，但是运用的方式却并不理想，甚至拉低了生活的水平。

到底是什么力量如此重要，能够给生活定型？就是你给自己提问题的质量。

想一想，我们是不是通常会问自己这样的问题：

- 怎样才能多赚钱？
- 怎样才能脱离某种困境？
- 他 / 她在乎我吗？
- 怎么解决这个问题？
- 未来在哪里？

- 午餐吃什么？
- 今天该干什么？

……

如此种种，似乎永无休止。你也许会意识到，脑子里思考哪个问题，哪个问题就会激发自己的行为，这些问题就将成为生活的指南针，掌舵未来。

人们问自己一些消极的问题已成为习惯，比如"为什么我就做不好"，其结果就是使自己在生活中感到沮丧和失败。相比较而言，有的人培养自己能够提出积极向上、自我激励、充满可能性的问题。于是，生活中充满了希望与冒险，成绩斐然。

人们必须重视给自己提问的水平。如果希望过上优质生活，就要牢牢记住，经常问自己一些高质量的问题——这些问题将支持你的努力，为自己或者自己在乎的人创造更优质的生活。这些习惯性的问题可以帮助你保持正确的路线，更加乐观，每天采取积极的行动帮助自己朝梦想中的生活迈进。

这一章讨论的一系列问题给我的生活带来的帮助是无法想象的。无论何时，我在日常忙碌的生活间隙会思考这些问题，那时总能感觉到自己更加专注，更加受到启发，能够以更充沛的精力再次积极地面对并努力解决生活中的难题。

下面这些问题我认为很有价值。

1. 我看重的是什么

在生活中我最在乎的是什么？什么东西在我看来最重要？

如果你很明确自己在乎什么，生活目标会明确很多，生活节奏也会因此快很多。你是否问过自己：健康和事业，哪个更重要？家庭和朋友，哪个更重要？精神在所有重要的事情中能够排在什么位置？还有社团，或者说对社会的贡献呢？

奇怪的是，大部分人从来没有问过自己类似的极其重要的问题。如果他们愿意花点时间弄明白自己在乎的事情，就会清楚地意识到当下的生活实际上并不是自己向往的。人们一旦明确了自己在乎的事，生活就会更有活力、更成功。你会把重要的事情放在首位，会完成那些自己认为对幸福生活和成就感真正重要的事情。

来做做下面这个小测验。相信你会真正喜欢上这个测试——通常真实情况都能准确地反映出来。请拿出一张纸，按照重要程度的顺序，将以下话题写下来：

- 精神境界；
- 健康；
- 家庭；
- 名声；
- 财富；
- 个人发展；
- 朋友；
- 冒险；
- 放松。

写完以后，只需问自己一个简单的问题：我现在有很多在乎的事情，现在的生活方式就是按照这些重要的事情来安排的吗？

事实上，大部分人都不是的，这一点令人难过。

按照自己的价值取向重塑生活并不难。一些生活方式的改变，几张便贴提醒自己，就足以帮助你回归正轨。关键是要意识到，自己的价值观缺口是什么，每天只要花几分钟时间思考如何来填补这些缺口，以自己最珍视的价值观来对待生活，才能更加丰富多彩。

2. 如果知道自己不能失败，应该怎样

这个问题很经典，因为触动了自身形象和生活梦想最核心的部分。它迫使人们持续认真地思考自己对生活的期待，以及自己应该得到哪些东西。

你想的是不是太渺小了？你给生活设置了不必要的限制了吗？

现在花几分钟把这些束缚从脑子里清除出去。有什么东西是你经常梦想但却认为不可能实现的呢？你到底想过怎样的生活？把最狂野、最刺激的梦想写下来。现在就写下来——只要几分钟就可以。

问问自己，这些梦想真的不可能实现吗？我要怎样才能实现这些梦想呢？不仅如此，即使我无法实现这些梦想，能不能多多学习，哪怕只是试一试，会不会多得到一些快乐呢？

记住：实现目标不是过程中最重要的部分。从成功实现目标中获得的满足感通常是短暂的，真正有价值的是在竭尽全力实现目标的过程中成长了多少。这个过程本身就是一份嘉奖。即使尝试某个疯狂的梦想后仍然失败了，那又如何？这个经历可能是你整个人生中最丰富的一部分。

尝试宏伟的目标还有一个好处：感觉真是棒极了！这将是你能做的最令人激动、最振奋人心、最有趣的一件事。每天早晨被这个目标唤醒的感觉是美妙的。

其实，大部分人一辈子都低估了自己。在他们内心深处，自己没有什么过人之处，很容易为自己的现状感到心满意足。别这样！相信我：如果你有远大的目标，所有的力量都会帮助你走下去。当你推动自己去实现伟大的目标时，你会变得激情四溢，受到生活的激励。

即使最终失败了，你仍然是胜利者。你会经历一些了不起的冒险，最终的收获会远远超过仅仅设立较低目标时所取得的成就。伟大的成功属于世界上有梦想的人——并且是那些每天一步一步将自己高尚的梦想付诸现实的人。

3. 哪里有问题

这个问题很简单，但是内涵很丰富。每当我要做重大决定时，就经常问自己这个问题。

这么说吧：破产法庭挤满了人，这些人都是没有问过自己这个基本的问题的。当我们有个惊人的想法或者计划时，很容易被其中衍生出来的所有可能的严重问题搞得晕头转向。但是如果一切都不按计划进行的成本是什么呢？很少有人会花时间看负面情况，那么很明显他们就要为此付出代价。

养成习惯，任何时候走到岔路口需要做决定时，问问自己这个基本的问题。无论何时我需要对未来做决定时，就会运用由著名思维专家爱德华·德·博诺（Edward de Bono）开发出来的这套办法。

首先，制作这样一个表格：

正面	负面	兴趣

我在第一栏列出做具体决定的所有正面，然后迫使自己评估所有负面的结果并且写在第二栏（一般来说，只要有深入的思考，任何决定都会有一些负面结果）。

填完负面结果栏后，我经常会考量这个事情适不适合自己。如果不确定，就继续填写“兴趣”这一栏。

德·博诺的做法非常聪明。在兴趣栏里，你会列出现状中不那么突出的一些信息——别人可能有相似的想法、境况，自己本能的反应等。兴趣栏里的内容往往真正使你的道路清晰起来。我发现这通常可以很快帮助理清现状，使我的思考更加深入、缜密。

分析问题不是赶进度、完成计划，这一点至关重要，因为通常在初始阶段，计划看起来都是很美好的。如果每个人定期给问自己“哪里有问题吗”，那么世界上的失败就会少很多，这是肯定的。

4. 我怎样才能赚到 10 倍的钱

认真对待这个问题需要足够的勇气。

想从目前做的事情中赚到 10 倍的钱，很多人会对这样的想法嗤之以鼻。但恰恰是这一点，才使得这个问题如此震撼。

想想看，让自己离开舒服区（让自己没那么自在），这个问题真的可以拉伸人的能力极限，迫使你站在前所未有的高度深入地思考。工作上的一点点进步不可能给你带来 10 倍的收入——必须在工作方法上做出改变才行。

先别否定，假设自己真的可以做到，那你会怎么做呢？能够学到什么东西呢？需要和谁搭档呢？变成什么样的人呢？

事实上，这个世界上有几百万人在几年之内就将收入提高了 10 倍——为什么你做不到呢？我敢保证，即使你的答案中没有什么方法可以让你赚到 10 倍，但是赚到两三倍收入的好办法应该还是有的。

这就是 10 倍收入问题的力量——能够给工作的质量和数量带来成倍的增长。面对现实吧：我们或许会高估自己的能力，但是我们低估自己能力的可能性更大。大部分人没有信心或信心不足。问自己这个问题可以帮助你卸下危机感，将自己推到新高度。

这个办法在商务以外的领域同样适用。问问自己怎样将爱情生活质量提高 10 倍（肯定会有不少有趣的答案！），或是健身，或是智商，或是幸福感。相信在你想出解决办法后，一定会欣喜若狂的。

5. 别人会怎么做

如果你发现自己面临的情况既复杂又纠结而且难以解决时，就是这个问题登场的时候了。

方法很简单。你要做的只是想想自己佩服的人或者同一领域中的知名人士，想想他们如果遇到同样的情况会怎么办。假设你就是这些人，猜猜他们会制定什么策略？使用什么战术？他们对这个问题会采取什么态度呢？

有时候，如果我在生意上遇到严重的问题，就会问自己："杰克·韦尔奇会怎么做？"（韦尔奇是通用电气的传奇行政总裁，是历史上公认的杰出 CEO。）

假设自己是别人的这种做法，能够有效解放自己的思想，用独特、新颖的方式进行思考。如果你真的这样做，很快就会想出一大堆解决方案和好点子——只是自己较真的时候可是想不出来的哦。

我在写广告时就喜欢用这种方法，尤其是在某个地方卡壳的时候。我会挑出两三个全球知名的广告作家，假设自己就是他们。开始我也会觉得这种方法有点傻里傻气，但过一段时间后，我会得到很多不一样的思考，通常都能想出一些让人拍案叫绝的方案。

成功学励志专家拿破仑·希尔（Napoleon Hill）在他 1937 年出版的《思考致富》（*Think and Grow Rich*）中主张找出历史上一批具有大师级思想的人物，帮助自己想出一些解决方案。希尔的办法就是让读者闭上眼睛，假设自己正在和历史上的某个名人召开会议，无论有什么问题都提出来，想象他们的答案会是什么。我试过几次这个办法，发现确实能够有效解放思想，开放自己，找到别具一格的解决方案。

最后，我在公众场合讲话时也用过这个办法。有些人对高效工作、企业家素质、市场营销、动机等话题感兴趣，我会针对这样的群体定期做演讲。有时上台前，我就会想想世界上那些顶级的演说家，假想自己具有他们那样的能力。这个办法总是能够提升我的演讲效果。

尤其是你发现自己对某个领域所知不多时，这个办法尤其实用。为什么不从专家那里寻求建议呢，哪怕这些建议纯粹就是你自己的脑子想出来的？所有这些都是有用的。

6. 我应该陷入其中吗

这个问题用了一个叫作“零基础思维”（zero-based thinking）的技巧，简称 ZBT。使用 ZBT，即定期对自己的行为或参加的项目提出最基本的问题。

问问自己：“如果我可以重新开始，还会选择做这件事吗？”这个问题很重要，因为通常我们做项目、在公司中工作、与人交往，纯粹是因为我们已经形成了习惯。这个问题使你能自由地审视自己的境况，督促自己，如果这件事情于你并无益处，那就此打住。

这可能是个很棘手的问题，因为通常会得到一些尴尬的答案，也许会让你选择辞职，离开家乡，疏远某些朋友，甚至离开你的另一半。但是，定期使用 ZBT 技巧，可以保证将时间应用在有价值的、恰当的行为活动上。这种办法可以防止你陷入常规，不会像过去一样凡事按照习惯来处理。如果我们诚实面对自己，大部分人会承认，我们只是把本应留在过去的一些事情拖延到了现在。

我并不是说对自己重要的人或公司因为在身边已经很久，就要冷酷地将他们抛到一边。你要修剪生活这棵树，去除那些对你来说完全没有价值的情况和环境，或者那些曾经对你有用，但现在却只能掣肘的人或事。

好好看看现在的工作环境吧。如果可以重来一次，你还会选择在那里工作吗？是什么让你留下来的呢？

你个人的生活怎么样？如果从头开始，你还会选择和现在一样的生活方式吗？如果不会，你能做哪些改变，从而改善生活，使生活变得更有趣、更令人满意呢？

这是个强大的问题。这些问题值得每 6 个月就问自己一次。

7. 我的对手怎么可能打败我

事情顺利时，坐下来放松放松是很容易的。但如果要保持在社会或者商界的地位，时刻保持警惕很有必要。生活一帆风顺时，人们必须高度重视可能存在的弱点和缺陷，你的竞争对手可能恰恰注意到那些缺陷并将其为己所用，最后打败了你。

试试下面的小测试。想象自己在为竞争对手工作，怎样才能打败你的公司呢？弱点在哪里？哪些方面是无法和竞争对手相抗衡的？列出 3~5 个自己欠缺的方面，再写出改进的方法。

要想稳定自己在业内的地位，不断调整创新是必需的。在别人发现你的弱点之前，自己先找到这些弱点；在对手发现你有缺点之前，先将这些缺点改掉。这就是立于不败之地的秘诀。

太多人纯粹依赖自己的天赋混日子。但要想成为业内精英，即使你在游戏中排名靠前，也必须修复自身的漏洞。这个世界上，只有变化是永恒的，一定会不断涌现出新的竞争对手。如果不能坚持提高自己，那就只能走下坡路了。

8. 如何充分利用时间

老实说，哪怕每天只问自己这一个问题，生活就能得到极大改善。不管人们意识到没有，所有高效人群都会不断地问自己这个问题。

这个简单的问题可能是整个生活的基本指南。不断回顾这个问题，你就会发现它在所有成就中起到的神奇作用。它迫使你回头做一些重要的事情，而不仅仅是紧迫的事情或者在电子邮箱中蹦出来的信息。

时间管理可以这么简单吗？当然可以。如果学会提这个问题，基本上就可以超过竞争对手。有效的时间管理可以很快让你不再偷懒，不再做那些不重要的事。

你要考虑到，在当今快节奏的生活中，忙碌是不争的事实。我们都很忙碌。但是忙碌并不意味着重要的工作做完了——尽管大部分人看起来好像做完了。社会崇尚忙碌，但若想忙碌得有效果，就得专注于如何充分利用时间，而不仅仅是为了忙碌而忙碌。

充分利用时间可能一点也不匆忙，可以是思考，可以是放松，也可以只是打一个重要的电话，或者认真读一篇和行业密切相关的杂志文章。如果每天开始坚持做到选择一项真正有价值的任务，一年以后你就很有可能享受到积累的成果。

关于时间管理，最重要的一点是，它和量没有关系，只和质有关。要完成一两个真正重要的任务，完成过程中有许多要做的事情，如何充分利用时间，这个问题就可以给我们指明方向，走出杂事的包围圈。

管理时间不仅与工作相关。你还可以通过这个问题将社会生活甚至人际关系最大化。充分利用时间，可能就是抱抱儿子，或者计划一次推迟已久的家庭聚会，一次浪漫的周末之旅。

只有你自己心里知道答案是什么。但是要不断问自己“怎样做才算是充分利用时间”，这是回避不了的问题。你的成就可以上升一个层次，整个人也会更加放松。除此之外，完成了一件又一件重要工作，你的自尊心会提高，幸福感也会爆棚。

9. 我死的时候，希望自己是如何度过这一生的呢

大部分人讨厌谈论死亡。但是，时常在脑子里思考死亡这个问题，是确保自己过上美妙生活的绝佳办法之一。思考死亡是世界上最了不起的叫醒闹钟。

也许你在电视节目上看到，有人与死神擦肩而过后，完全改变了自己的生活方式。只要想想生命可能会结束，就足以让他们突然意识到是时候要对生活

方式作出重大改变了。

人们不用非得跟死神擦肩而过才能醒悟过来。只需常常问自己："我死的时候，希望自己是如何度过这一生的呢？"你会因此做出许多必要的改变。

大部分人临终前有什么期望呢？正如一则俗语说的那样："人们将要死的时候，没有人希望自己大部分时间是在办公室度过的。"研究表明，大部分人希望自己曾经：

- 冒险；
- 找乐子；
- 更有爱心；
- 经常和朋友在一起。

有趣吧！再来看看这几个选项，你的生活又是如何过的呢？如果和大部分人一样，你就会意识到，或许你工作的时间太多，娱乐的时间不够。这是可以理解的。工作上的要求可能很高，要是还想让自己和所爱的人过着优越的生活，压力是很现实的问题。但是不要让社会越来越高的要求阻止自己设计生活的步伐，这样生活的整体面貌才会很棒，而不仅是某一两个方面。通常，我们欠缺的就是快乐、爱、健康、思想上的顿悟以及乐趣。

不幸的是，我们很多人花了几十年的时间也只是苟且地活着，没有设计梦想的生活。但是对所有人而言，临终的时刻总会到来，那时，我们最终会对自己的人生心知肚明。到那时我们还会担心自己挣了多少钱？房子有多大？和同龄人相比，自己有多成功？我想大部分人都不会。我们会怀念与所爱之人共度的美好时光。

10. 我怎样才能表现得更好

美国海军"蓝天使"（The Blue Angle）飞行表演队是全球最著名的空中杂技表演队。在过去六十年里，他们用精确的飞行和惊险刺激的空中特技震撼了美国人民。

可以毫不夸张地说，他们精彩的表演是练习几千个小时的结果。飞行员们精确地知道常规飞行路线，夸张地讲几乎睡着了也知道怎么飞。这就是为什么当人们看到“蓝天使”完成每一次表演后都会感到十分惊讶的原因。

他们回到营地，极其细致地回顾每一个细节。这种做法已经被应用到世界顶级的军事训练中，许多训练专家都认为，这是他们能够有如此高水平表演的主要原因之一。

如果没有这样反复回顾表演过程，也不可能成就精彩——不仅仅是“蓝天使”，对于任何团体或个人来说都是这样。有趣的是，除了军事部门，极少有人会在事情结束后立即细致地回顾自己或所在团队的表现。

然而，以色列耶胡达·席纳（Yehuda Shinar）那样的高效能专家也说过，这种技巧对于平民和任何一个军队都同样有用：“这种对表演持续给出评价的做法，帮助胜利者明确如何能取得更多成功，减少失败。胜利者自然而然需要做陈情报告，他们有基本的、发自内心的、要求不断进步的欲望。”

“我如何才能表现得更好”是一个非常好的问题，要经常问自己。这个问题的重点是如何一步一步取得小小的进步，最终在差强人意和精彩绝伦之间划出路线来。每天问问自己这个问题，假以时日，一定可以将自己的表现提升到顶级水平。

重要的练习

以上是十个最有震撼力的问题，如果希望自己的生活多一些快乐和成就，那就要想想这些问题。

在进入下一章之前，一定要花 15 分钟左右的时间来回答这些问题。记住：只有按照书上介绍的练习那样做并且把这些练习当作生活中的一部分时，这本书对你才有用。

还有，在纸上快速写下这十个问题，放在每个月都能看到的地方。这些问题可能像一个指南针，在人生的关键时刻给你指出正确的方向。

生活中如果记住这十个问题，你的人生一定会丰富多彩，我想你会赞同我的看法。

07

拙劣的演示技巧

所有学校都有一门必修课：做好演示报告。

会做演示是一种至关重要的生存手段。可是因为不会做高质量的演示，许多聪明、有天赋、勤奋的人在生活中总是无法得到他们想要的东西。

事实上，人们的确是以表象判断内涵。如果你有很好的想法，但是演示方式不当，许多人就看不到你的思想的价值，那你很有可能会输给那些思想不及你却极会演示的人。

会做演示的人在生活中总是可以走得更远，因为他们优秀的展示能力使他们看起来比实际上更聪明。因为口才好而得到人们的欣赏，被认为是智者中的智者。当然，有时人们会看穿他们是夸夸其谈、故弄玄虚，但是有的人却看不穿，认为表象就是现实。

现在，想象一下，如果自己既聪明又擅长做演示，生活会是怎样？整个世界都将向你敞开大门！

很多人害怕做演示。研究表明，多数人认为在公共场合讲话比死还可怕。这话虽然很荒谬，但却是真的。

如果你认为做演示是一场战斗，或者你就想成为一位演示大师，那我有个好消息告诉你。在这一章里，我会告诉大家我学到的一些关于进行高水平演示的好方法。我还要给你一些鲜为人知的建议，介绍如何在事情开始前在思想上做好准备，这样就不会在开始的时候害怕得发抖。

我要向大家坦白一件事。其实我以前很害怕做演示。有人可能觉得无法相信，因为我现在做一个 45 分钟的演示通常就能得到几千美元的报酬——我说的是真的。实际上，我以前很讨厌在公共场合讲话，甚至在这之前的好几天我都无法集中注意力工作。

如果我都可以学会如何做高水平的演示报告，你肯定也可以。你所需要的就是正确的工具、一点信心，还有大量的练习。下面让我们一起来看看高水平演示的技巧吧。

经典演示

第一点就是使用经典演示结构。这是非常简单的结构，可以用来设计所有的演示报告。这个方法把演示设计变得很简单。

1. **告诉听众你要说什么**。把讲话的内容告诉听众就是提前做一个简单的概述或者总结。如果是会议，通常就是议程安排，或者电脑上的幻灯片，介绍你要谈论的内容；如果是婚礼致辞，那就可能是“新郎的性格非常有趣，我相信你们肯定想听。嗯，首先呢……”这些基本结构很快能够清晰地展示出讲话的主要内容。
2. **说吧**。这是演示报告的核心部分，是描述重点供听众思考的部分。在这一章后面的内容里，我会介绍很多关于这方面有用的建议，如何使这个部分令人难忘。
3. **告诉听众刚刚说过的话**。在这个部分，你要总结说过的内容，把所有的内容都包括进去，最后结束。

这样看来，这个结构三部曲相当清晰，但是很多人做演示时并不使用这个方法，结果说话拖泥带水、啰里啰唆，甚至完全让人摸不着头脑。坚持使用这个结构，想要说得糟糕都很难。

口头练习才能至臻完美

要想说得好，另一个窍门就是要大声练习。这种练习的效果真的很不一样。大声练习使自己能够明白，这个讲话要持续多长时间，迫使自己更加清晰地表达自己的思想，真正开始说一件事情的时候也不会感到那么紧张。不仅如此，人们大声练习的时候，会意识到论点中的漏洞，能够更清楚讲话过程中哪里可以休息，哪里应该停顿。

如果只是在脑子里练习，你就体会不到上面提到的各种好处。

眼神交流

我见过一些生意场上的人因为只对着董事会上的一两个人说话，和其他的人没有眼神交流，结果得罪了一些人，导致错过了那些客户。记住：即使有人地位比较低，也不意味着他们对决策没有影响力。你在做演示时，差不多每个人每一分钟都应该得到你的注意。

演示专家们知道，建立眼神交流的最佳办法就是停顿一两秒钟，注视着某个人的眼睛，然后转向另一个人。这使别人觉得你似乎是专门对他介绍一个信息，而不是对着屋里所有人说。这让他们觉得自己很重要。

加强眼神交流也会大大提升说服力。这是区分普通和优秀演示报告者的重要标准之一。

说话的时候请停顿

演示大师们心中明了的另一个重要因素就是停顿的力量。

在合适的时机停顿，可以将你说话的影响力提高三倍。说话人停顿时，听众会变得更有兴趣，通常会身子前倾，听清你要说的内容。停顿还有助于强调重要的内容。

频繁的停顿也会使演示显得更有趣，富有变化。停顿使讲话人气场更足，听众也更容易听懂。演示每个部分结尾时稍作停顿可使讲话要点得到充分的理解。

灵活使用停顿可以从整体上尽量帮助听众记住讲话内容，就像一句老话说的那样：“音符之间的停顿成就了音乐。”

看看历史上那些最伟大的演讲家。看看约翰·肯尼迪、温斯顿·丘吉尔、马丁·路德·金的演讲，以及那些顶级的善于鼓动人心的励志演说家，比如丹尼斯·魏特利、安东尼·罗宾、罗宾·夏玛，你会发现，停顿是每个人说话风格的基本组成部分。

变化声音

如果做演示报告的人声音单调无趣，很快就会使听众昏昏欲睡。声音单调，会让人觉得演示内容听起来都是一样的，听众会感到枯燥无味。所以要调整自己的声音，有时说得慢一点，有时说得快一点，有时要严肃地说，有时要轻松地说。

要像对待一部电影一样对待演示。节奏和风格要有所变化，听众才能被演示的内容深深吸引。但变化不要太明显——应该是微妙的变化，如果不是刻意关注几乎注意不到的变化。尽管这些变化本身没什么大不了的，但是如果这些小变化集中在一起就十分有助于提高演示的表现力。

获取客观反馈意见

提高演示风格的最佳办法之一就是找别人给自己挑错。

准备好演示内容，找个信任的朋友，然后在他 / 她面前进行陈述。请朋友帮忙挑挑毛病，注意有哪些前后不一致的地方。你会发现讲话时居然有那么多小问题，自己是无论如何也找不出来，可是旁人却一眼就能看到。

当然，有的人不喜欢别人对自己做的事情挑毛病。不过，还是面对现实吧：人生总会有些重要的场合需要做演示报告的，不管是对着你爱的人，还是在重大博弈时面对一大群人。即使找个朋友或者同事来批评一番，内心觉得有些不舒服，总比对着真实的听众发表讲话时犯错误要好吧？

正如人们所说，熟能生巧。当着别人的面来练习，会让你更上一层楼。

相信自己能够表现出色

有时你能全文练习讲话内容，每个字都记得清清楚楚，可是一上台还是搞得一团糟。

通常，这是因为你在内心深处认为自己没法拿下这场演示。你总想象自己会忘词，说话结结巴巴，或者在某种意义上出些洋相。

这就是为什么不仅要发声练习讲话内容，还要在心里练习的原因。

每次要做演示的当天，我都会假想自己做了一场精彩绝伦的演示报告。我闭上眼睛，看到自己讲话滔滔不绝、和蔼可亲、张弛有度。我看到听众反应积极，沉醉于我所讲的内容。有时，我从自己在台上的角度看待整个场景；有时，又从台下观众的角度看待自己。

我把陈述设想得越顺利，整个过程也就进行得越顺利。如果在开始前能够用几分钟设想讲话的场景，到现场将整个过程在脑子里彩排一遍，效果会更好。

讲话人站在台上，在脑子里演练一遍，还会提升信心。站在讲台后面，脑海中设想自己进行了一次绝佳的演示，紧张感也会减少。

当我站在礼堂后排时，还有几分钟就会被邀请上台，我不会焦虑不堪，担心演讲是否会顺利。相反，我会最后一次在脑海中设想一番。我发现，那时我可以看到听众，这时的假想可以达到最佳效果。这种做法很实用，因为你没有办法在办公室或家里营造现场环境。

所有会做演示的人在练习时都会不断地在脑海中设想自己的讲话很成功。他们看到自己在台上收放自如、神采飞扬；他们看到听众倾听他们说的每一个字，向他们报以热烈的掌声；他们想象着演讲结束时的愉悦心情。

如果任何时候做演示报告都能设想现场，那提升水平指日可待。

擅用手势

这种方法能带来巨大的变化。演示过程中使用手势能够将演示的效力再提升 20%。

擅长使用手势可以使演示报告更生动、更有动感，也可以使演示人看起来更有激情。当我看到人们讲话时全身都投入进来，尤其是挥舞着手和胳膊，就不知不觉被他们的讲话内容所吸引。他们给我的印象是，他们是真的在乎自己讲的内容，也相信自己讲的内容。

演示人运用手势帮助强调，可以真正把整个房间的气氛调动起来。看看第二次世界大战期间阿道夫·希特勒演说的影像资料。即使他说的话你一句都不懂，但是他讲话的感染力深深吸引着你，很大程度是因为他讲话时使用了夸张的手势。

当然，我并不是说让大家模仿那位暴君的说话方式——我是说在练习讲话时，也要演练讲话过程中什么时候运用什么手势。

要努力练好至少五个不同的手势，反复练习，使之成为自己的一部分，应用的时候可以不假思索。再看看演示内容中三个最重要的部分，这几个地方可以应用哪些手势真正帮助你将观点表达到位？关键时候要用哪些手势也是需要排练的。

当你第一次在整个演示过程中刻意使用手势时，可能会觉得有点怪怪的。但是练习几次后，你会发现完全可以自如地运用这些手势。再来回顾以前没有使用手势进行陈述的场景，你就会意识到当时的讲话几乎没什么感染力。

当然，很多专业的演说家在国内四处游历，每周要发表两三次演说，却从不使用手势。他们从讲台后走出来，径直走过舞台，将整个身体都投入到演讲中。但是本书的大部分读者做演示时可能都是站在讲台后的，通常也是在会议室进行。因此，在我看来，大家需要学会的就是要成为运用手势的专家。

顺便说一句，要找出哪种手势可以更好地为自己服务，最好的办法就是在镜子前面练习。

记住开头和结尾

一般来说，我认为把演示报告的每个字都写下来没什么用。念稿子可能会使讲话显得有点生硬、沉闷——演示的人每次低头看讲稿时，就没法与听众进行眼神交流。

我更喜欢将演示的要点记下来，根据要点讲话。这需要一定的练习才能做到，但最终的结果会十分流畅，通常也显得更真实、自然。

不过，我的确相信，把开头和结尾每一个字都写在纸上是有必要的，这样就可以记下来并且逐字逐句地重复。

为什么呢？原因很简单，开头和结尾都是演示中极其关键的时刻，不可以碰运气。如果开头和结尾的每一个字你都认真思考过，那就可以确信，这些内容会按照预期的那样进行。开头和结尾的内容通常是听众记得最清楚的部分。把那些小细节做好，其他部分哪怕表现平平，大部分人仍然会认为这次演示报告不错。如果开头没开好，结尾也很潦草，那整个演示的感染力就会大大削弱。

我说记住开头和结尾，并不是说要记住开头和结尾的 5~10 分钟内容——只记住开头和结尾的 1 分钟就够了。这 1 分钟，足以保证开头来个开门红，结尾获得满堂彩。

记住演示报告的开头和结尾，同样也能增强信心。即使刚站起来讲话时忐忑不安，但因为你已经记住开头那几句话，所以能够不假思索、轻轻松松地说出来。随着演示报告接近尾声，你的信心也会随之增强，因为你知道，精彩的结尾即将到来。

讲故事

我记得曾经问一个以会议主持为职业的朋友，做精彩的演示报告的秘诀是什么。他给我的答案只有两个字：故事。

我研究公共演讲的案例越多，就越赞同他的观点。人们喜欢听故事。自从人类学会说话以来，好的故事在世界文化中发挥了重要作用。如果用一个有趣的比喻或者故事来阐述观点，人们就能更容易理解，也更可能记住这个观点。等他们回家以后，伴侣询问讲了什么内容，他们可能说出来的是你讲过的一两个故事，而不是一整套讲话提纲。故事能抓住听众，给讲话内容赋予生命，把演讲的内容从理性水平提升到情感水平——听众能记住的内容，就是激发情感的部分。

要写一篇演示报告有个好办法，就是把要讲的内容列出 3~5 点来。然后在每一点下面写一个故事或者有趣的例子，这点内容就变得鲜活起来。如此一来，理智与情感有机地结合在一起。演示报告如果通篇都是故事，会显得有些空洞和肤浅，而干巴巴地阐述报告中的论点通常又很无趣。但是从理性的观点到有趣的故事，几个来回，一场演讲会变得既风趣又实用。

如果实在想不出什么相关的故事，那就回顾自己过去的经历吧。过去你是怎么解决类似的问题的？其他人遇到同样的挑战时会怎么做？只需想想这两个问题，应该就能够想出不少例子或者故事。记住：故事不必惊天动地，只要有趣、好记、相关即可。

当你开始重点将故事作为演讲的核心时，就会发现好的故事其实可以反复使用。很快，一个好故事清单出炉了，适用于你受邀演讲的各种话题。于是，做一场让全场爆笑或令人痛彻心扉的演讲几乎不费吹灰之力，只需要围绕自己储备的两三个核心故事展开即可。

提前到达

我见过许多演讲最后搞砸了，原因是演讲人没有提前到达，而是踩着点抵达演讲现场。其结果就是，他们仓促上台，演示的内容通常也是颠三倒四。开场没说好，之后更是一直纠结于给听众留下了不好的印象而不能自拔。

更糟糕的是，等所有人都到了，他们才姗姗来迟，听众们只能一边等着，一边打开电脑看着幻灯片。这对每个人来说都很不舒服，尤其是对演讲的人而言。

这种错误很容易避免。只需要在演示报告开始前15分钟全面进入预备状态。如果你在别人的办公室做演示报告，那就问问别人是否可以早点到达做好准备。如果不行，那就在附近的咖啡馆打开电脑，这样，走进那间办公室时，你就已经预热过了，随时可以开讲。接着，只需将自己的电脑接入对方的系统，一切就绪。

如果是在礼堂或者研讨会上发言，提前到达还有别的好处。首先，可以让组织者明确知道你提前抵达（这也是间接地表明你是一个顶级专业人士——他们对即将开始表演的你也充满信任）。不仅如此，提前到达后，你还能有时间仔细观察场地，对现场气氛和活动的基调找找感觉。

我无论什么时候在研讨会上发言，都会在上午茶歇或午餐之前到达。如果我是第一个发言，会提前整整一个小时到达。这样可以和负责音响效果的人员进行交流，检查我的话筒音量，甚至在台上练习几分钟。这种做法极大提升了我的信心，也让我觉得更自在。

理想状况是，我希望有一定提前量，可以和其他发言人聊几句。事先了解听众对做演示也是有好处的，有时你会发现，哪怕是一点点信息都能影响到演示最终表达的内容，真是太神奇了。

我也是经历了挫折后才吸取教训提前到达的。好几次航班延误或者交通严重堵塞，导致我参加大型会议迟到。这让所有相关人员都感到非常紧张。现在，我尽力要求自己在做演示报告的日子早点出发，这样即使旅途中有各种问题，或者路上花费的时间超出预期，我也能有足够的提前量。你可能无法想象，那些额外的每一分钟对我来说是多么宝贵。

研究伟大的演说家

在任何领域，只要向演说大师们学习，你都有可能成为一个真正了不起的演说家。这话说起来容易做起来难。实际上，要区分真正大师级的演说家并不是那么容易，很多人徒有虚名。

以下收集的不仅是真正伟大的演说家，而且还有他们演讲的音频或视频资料，一般都是在他们自己的网页上。

奥格·曼迪诺（Og Mandino）。尽管现在他已经不再当红，但他任何一个一小时时长的主题演讲仍然值得学习。奥格·曼迪诺因为其处女作《世界上最伟大的推销员》（*The Greatest Salesman in the World*）一书，很快成为美国最受欢迎的收费演说家之一。研究他的讲话，注意他是如何巧妙地利用停顿来准确表达自己的观点的。

博恩·崔西。他做职业演讲已经有二十五年时间，堪称大师级人物。他用自己说的“风挡刮水器”这种演讲模式，整个演讲过程中在理性观点中穿插情感/趣味故事和奇闻轶事。在循规蹈矩演讲的同时保持一定的娱乐性方面，他是一个典范。

汤姆·彼得斯（Tom Peters）。据说，汤姆做一天演讲能够赚到十万美元。他情感丰富，立场坚定，总是能跟上时代的变化，讲话十分精彩。要说使用幻灯片达到良好的演讲效果，把商业演讲也能说得激情四射的人，汤姆可算是其中的顶尖人物之一。

比尔·克林顿。好好学习前总统克林顿卸任以后的演讲。他的风格随意、直接、轻松，但仍然令人心潮澎湃。我见过他在悉尼面对一千人的高端听众讲了一个小时，所有人都被他惊呆了。看看他的视频，注意他如何轻松地将相关的事实穿插进去，使自己的演讲不会变成空调枯燥的陈述。

罗宾·夏玛（Robin Sharma）。加拿大的罗宾·夏玛比其他几位演讲之星要年轻几十岁，这在他那更随意的穿着和类似禅宗哲学家一样的风范中显露无遗。罗宾非常善于讲故事，其方式让人不得不信服。如果要做一个高水平又轻松的演讲，那就要好好看看他的演讲视频。

记住：这些人是靠演讲为生的。他们花了很多年来修饰并提升自己讲话的风格和内容。哪些方法有效，他们已经验证过了。

在网络上搜索这些人的演讲视频。好好分析，研究他们演讲的结构。一位顶级演说家的讲话中，有太多可以学习的地方。哪怕只学到一个小窍门，也是进步。

日积跬步

我希望这份冗长的演讲课程清单不会给大家带来太大压力。开始只需挑出一两项内容勤加练习。掌握了这些以后，再挑另一项来研究。很快，你会发现自己做演示报告的水平会提高很多。

一旦你开始擅长做演讲和陈述，就会爱上它。你会意识到，与竞争对手相比，你已经有了很重要的优势。大部分人都不会做演示，因此，你走进一间屋子时会得到听众的赞许，给他们留下极好的印象。我向你保证。

会做演示，可以提升你的信心，也比其他任何技巧都能更快地提升你的收入。老板希望你带领更多的人做事，客户也更信任你。整个工作情况也会变得更加流畅，承受的压力也在逐渐降低。你会感受到自己可以掌控一切，其他人也会觉得自己在和一个十分有能力和活力的人打交道。

但是请注意：一旦你成为热门的演说家，也会触及一个潜在的障碍——懒惰。等你已经擅长演讲，会以为自己可以搞定一切，走进会场时通常也不再准备。千万不要冒这个险。坚持基本有效的工作方式，永远要提前做好准备。真正做好功课以后再走到聚光灯下。在现在这个时代，会做演示太重要了，准备不充分只会把事情搞砸。

如果把每一次演示报告都做到极致，你会惊讶于自己在人生中能走多远。

08

错把智商当情商

自第一次世界大战时首次在美国士兵中广泛进行IQ测试，即智商测试以来，整个社会对智商都高度重视。

长久以来，人们都相信，智商测试分数越高，人就越聪明。人越聪明，就会越成功。因此，几十年来，人们一直看重高智商。许多人都吹嘘自己智商高，暗示着他们会比我们这些普通人更优秀。反过来，许多十几岁的孩子在被告知自己的智商低于常人时，就认为自己的生活被判了死刑，未来难有作为。

有一种理论认为智商测试是分析一个人智商的有效办法，还有人认为高智商意味着高水平的成功。然而，最近几年，这两种理论都遭到猛烈的抨击。

有些受人尊重的学者研究后提出，用标准的智商测试来判断真正的智商未免过于简单。比如哈佛大学心理学家霍华德·加德纳（Howard Gardner）首创了“多元智能”的概念，他认为，人类实际上有八种不同的智商。有的人某些智商得分很高，而有的人需要加以训练才能勉强达到平均水平。

1. **视觉 / 空间智能**。像拳王阿里这样的拳击手，他的能力就是在躲避对手攻击的同时要击中对方。这是个典型的例子。具有良好视觉 / 空间智能的人对身边的空间很敏感。

2. **音乐智能**。有些天才，比如沃尔夫冈·阿马德乌斯·莫扎特，九岁时就表现出对音乐惊人的领悟力和表现力。具备这种智能的人，可能擅长写作、演奏音乐，也懂得如何欣赏音乐。
3. **语言智能**。有些人在别人眼里是傻子，但实际上是个天才，只是他们不善于表达自己而已。这种智能包括使用语言和理解语言的能力。作家、演说家和律师在这个方面的能力都很强，他们是典型的代表。
4. **逻辑/数学智能**。我记得上学时数学水平最高的班级，有些同学即使不怎么学习，每次数学考试几乎都能考满分。这种智能就是与数字有关的技巧和用逻辑方式分析问题的能力。
5. **人际关系智能**。凡是会聊天的、能轻松读懂人们情绪和情感的人都有很多朋友。人际关系智能高的人，无论遇到什么人都可以与别人和睦相处。
6. **内省智能**。这样的人通常对自己非常了解——他们想要什么、擅长什么，如何以积极、有效的方式与自己沟通。这样的人在思想中对自己有着良好的工作模式，因此在日常生活中能够非常自律。
7. **自然观察智能**。具有这种智能的人对自然有很高的敏感度，身处自然界中就像在自己家里一样舒适。这种智能是指人们识别自然界中的模式以及与周围自然环境融洽相处的能力。

智能还不是只有这些。加德纳目前正在研究是否存在更多类型的智能。他的观点是，纯粹从传统的智商测试来评价一个人的综合智能太荒谬。人脑是非常复杂的机体，不能用如此肤浅的方式来评判。

率先攻击高智商保证人生获取巨大成功理论的人是丹尼尔·戈尔曼博士（Dr. Daniel Goleman）。他是知名的心理学家，也是工作场所效能专家。

戈尔曼评估了五百多家公司，并进行了二十五年的广泛研究。他的结论是，智商根本不是决定成功的主要因素，情商才是。事实上，戈尔曼和他的团队证明，能够在后半生获得成功的因素中，情商的作用是智商的两倍。

那么，到底什么是情商呢？

这么说吧，情商是情感智商的简称，或者简单地说，是如何应用情感来为自己服务，而不是妨碍自己。这是一个研究得十分深入的领域，但我要从情商的两个方面来概括戈尔曼博士的主要理论思想：个人能力和社会能力。

个人能力

个人能力是指如何自我管理。情商高的人通常表现出以下这些特征。

自我意识

这是指人们知道自己的情感及其影响，可以精确地评估自己的强项和弱点。

比如说，有人知道自己脾气不好，而有人却没有意识到。有人知道自己被人欺负时就会害怕，而有的人却不清楚自己会怎样表现。

知道自己的长处、不足和情感，整体上就会对自己更有信心。你对自身有很强的认识，重视自己对周围的人和事所做的贡献。不仅如此，通常你比普通人更加明确自己的目标是什么、害怕什么和在生活中最在乎什么。

自我意识强的人都非常清楚自己的情感会如何影响自己的表现，无论是正面的还是负面的影响。

自我调节

这是指管理、控制自己的情感状态和冲动。

如果自我调节的情商高，你就能控制自己的情感，不会轻易发脾气，也不会过于情绪低落。你在情感上可以自我控制。有了这种内在的稳定性，外在稳定性就会非常强。你值得信任，说话算数，有很强的正义感，在个人价值观中也非常重视诚实这种品质。

你不愿投机取巧或走捷径，做事认真，对工作兢兢业业，甚至有时比同事原本想象得还要好。你不会指责别人，只会为自己的表现承担全部责任。

动机

这个特征和听起来基本是一回事。戈尔曼发现了有事实支撑的证据，证明目标明确的人可以取得更高水平的成功。这没什么好奇怪的。通常这样的人对生活的满意程度也更高。

这些人展示出很强的获取成就的动力。他们会做有挑战的任务，以此扩展自己能力的极限。有些任务是有风险的，尽管他们绝不是好赌之人，但是权衡之后仍然会承担这样的任务，因为这能赋予他们能量。通常，为了减少不确定因素，他们可以做任何事，不会被任何不确定因素吓倒。

这样的人随时准备着，机会一旦来临就牢牢抓住。尽管他们有明确的进取心，但通常不仅仅是为了自己才这样做。只要在奋斗的道路上能够得到相应的回报，他们很乐意将自己的目标与合作组织的目标统一起来。

如果前进的道路变得艰难，他们绝不是那种见异思迁的人。即使生活艰难，周围都是障碍，他们还是会主动留下。这些人对自己的目标很专注，不会轻言放弃。

社会能力

情商高的人在社会能力上表现出两个特点：善于移情和灵活的社交技巧。

移情能力

意识到他人的情感、恐惧，能够理解他人，是社会能力的基本表现。

这些人不仅仅理解别人的情感，他们也真心地关心别人。他们的移情不是一种行动，而是对他人生活和处境表现出的兴趣，只要有能力就愿意帮助别人。但凡有机会，这些善于移情的人总能够激励身边的人，帮助他们提高能力，尽自己最大努力发挥作用。

通常情况下，无论是从工作角度还是私人角度，他们十分擅长为别人提供服务。比如，他们满足了客户的需求就很开心。他们经常能够提前预测身边的人在寻找什么，这对他们而言是再自然不过的事情。

表现出移情能力的人对旁人有仁爱之心。他们通常能够与各行各业的人相处融洽。无论是富人还是穷人，安静型的还是社交型的——对这类人来说，每一个人都能让他产生兴趣。

然而，他们绝非幼稚。他们有很强的政治头脑，能够筛选出掌握权力的人，在任何权力交替的时候能够明哲保身。这都是善于移情的人能够精确读懂不同情感状态的能力。

社交技巧

与移情能力同等重要的第二种社会能力是社交技巧。

具备这种特征的人都精于说服他人。他们这种人既能说服你放弃某一种观点，然后又能将反面观点论述得头头是道。

他们是优秀的听众，对别人所说的内容十分开明。一个典型的例子就是比尔·克林顿。我见过很多与他打过交道的人都这样说："比尔跟我说话的时候，我完全被他吸引住了，感觉那个屋子里只有我一个人。"

当人们对某一问题进行争论时，这种技巧就会显示出其作用来。具备这种技巧的人在解决分歧、处置商务谈判时都表现得十分突出。结果就是，人们总会把他们看作是真正的领导者——他们也通常在这个位置上游刃有余。这是因为他们认为与他人进行协调、让所有人都能团结在一起以谋求共同的目标还比较容易。

社交技巧超群的人享受培养良好关系的过程，准备投入时间赢得人们的信任和支持，通常是在深厚感情的层面上。一旦他们和某个群体紧紧团结在一起，就开始激励、引导其他人朝着集体的目标迈进。

如何计分

情况就是这样。以上是情商的 5 个主要方面。我相信大家读完以后也会认为，这些性格特征都值得拥有。毫无疑问，即使你不具备所有的特征，但在一定程度上也会有几项特征表现突出。

然而，我认为，既然知道了这些特征对未来的成功如此重要，那就真的值得花点时间从这五个方面给自己打个分，最低 1 分，最高 10 分。一旦明确自己在哪些方面比较欠缺，就要快速制定出一套方案，把自己的情商提高到更高的水平。在脑子里打分也好，用笔打分也好，请给自己情商的这 5 个方面打个分数吧。

情商评估

自我意识 ______/10

自我调节 ______/10

动机 ______/10

移情能力 ______/10

社交技巧 ______/10

你会打多少分？依我看，7 分以上都还不错，低于 7 分可能就要重视了。可以确信的是，任何一个领域得分低都会对生活造成掣肘之势。毫无疑问，任何一个方面情商薄弱都会在工作或家庭生活中、在与他人的交往中显现出来，其速度不亚于你期望获得成果的速度。

如果你完全不知道给自己打多少分，也可以将这一章内容扫描下来，用电子邮件给两三个亲密的朋友或者工作伙伴发过去。问问他们是否可以花几分钟给你的情商打分。结果可能会让你大吃一惊哦。

这个测试很简单，但是衍生出来的结果却意义重大。好好想想，如果证实你的情商水平对未来的成功至关重要（远比智商重要得多），那么将情商水平提升哪怕 10% 就能对生活质量和所取得的成功水平产生重大影响。

花时间提高情商是值得的

对很多人而言，与参加业内的课外培训班、巴结老板、加班甚至加薪相比，提高情商要有用得多。调整自己的情商几乎可以改善生活中每一个重要领域，更不用说对身边的人产生重要的积极作用。

比如说，提高情商有助于理解、掌握人类的情感——这可是无价之宝。学者萨洛维（Salovey）和迈耶（Mayer）的研究表明，情商高的人有四种情感能力非常突出。

感知情感： 能够感知他人表情、声音以及认知他人情感和自己情感的能力。

运用情感： 深度思考、有效解决问题以及充分利用自己情绪的能力。

理解情感： 对他人细微、复杂情感的敏感度以及理解的能力。

管理情感： 管理、调节自身情感使之帮助自己而非妨碍自己的能力。

因此，如果这个很重要，你要如何提升自己的情商呢？

好在戈尔曼博士发现，无论当时人们认为自己在情商的哪个方面表现得有多差劲，都是可以改善的。接下来的内容，我会告诉大家一些便捷的方法，帮助大家达到各人期望的、与自身匹配的情商水平。

时刻警醒

第一个方法就是在一张小纸片或者便签上写下得分最低的情商领域，并把它贴在每天都能看到的地方。比如，卫生间的镜子上、电脑旁边，甚至是汽车仪表盘，都是可以的。

每当你看到这些话的时候，这些纸条就会提醒你的大脑关注需要提高的地方。这看起来像是最基本的技巧，但我向你保证，效果真是好得出奇。意识到问题的存在是解决问题不可缺少的第一步。如果你基本上不想改善什么，思想也不会为之努力，进步也会很迟缓。但如果总想着要改变，每个小时提醒一次，你的思想就不可避免地开始关注这个问题，开始想办法做得更好。

实际上，很少有人能真正实践自己的信念和决心，原因就在于他们很快就忘记自己做过的保证。如果把备忘贴贴在周围能看到的地方，那么采取行动、最终实现目标的可能性就会翻倍。

这不仅对提高自己的情商很重要，在改变生活中的任何方面都同样重要。你在乎的东西一定会改变。正如成功导师罗宾·夏玛说的那样：“如果意识更明确，就能做出更好的选择；有了更好的选择，就能取得更好的结果。”

现在就请用 1 分钟时间在纸上写下自己最糟糕的那个方面，把它贴在经常可以看到的地方。然后做好准备，看看那个方面的进步有多快吧。

反馈有利于坚持向前

要提高情商，下一步就是获得别人的反馈意见。戈尔曼的研究表明，当人们可以从别处得到反馈意见，知道自己表现得怎样，这种变化就可以延伸到生活中的其他方面。换句话说，有指引就能进步。

正如戈尔曼说的那样：“情商有个好处——和智商不一样——情商一辈子都可以提高。可能出于机缘巧合，生活一次又一次提供机会磨炼我们的情感能力。正常情况下，人这一辈子越了解自己的情绪，越能有效地处理沮丧的情绪，倾听并与别人产生共鸣——简单地说，我们变得越成熟，情商就越有可能提高。”

真是说得太好了。很多人相信智商是一辈子固定不变的［尽管脑科专家托尼·布赞（Tony Buzan）说，他通过有意识地拓展思维、学习做智商测试，真的提升了自己智商测试的成绩，达到天才水平］。而情商不一样。情商有多高由个人自己决定。是否能收获高情商带来的回报，全是自己的责任。

定期获得反馈意见是迅速提升情商的最佳办法之一。只需找之前受邀给你评估过情商的人，请他们看看你在这五个方面有哪些地方做得好或者不好，并给出意见。大部分人都会乐于帮助你。毕竟，你的情商提高了，他们每天与你交往的质量也会提高，他们也能从中受益。

不断研究专家

提升情商的第三种方法就是大量阅读关于这个方面的心理学书籍。戈尔曼自己也写了好几本书，包括最初划时代的课本，书名很简单，就叫《情商》（*Emotional Intelligence*）。后来，他写了一本关于集体生活的书《情商实务》（*Working with Emotional Intelligence*）。

除了戈尔曼的著作外，关于情商的书还有很多。我要推荐由特拉维斯·布拉德伯里（Travis Bradberry）写的《情商 2.0》（*Emotional Intelligence 2.0*）和哈维·得奇道夫写的《情商课》（*The Other Kind of Smart*）。这些书有些内容会让你对情商这个话题以及社会智力相关领域感到备受启发，颇有兴趣。

我相信关于情商和社会智力方面的书读得越多，人们会对这些概念越有兴趣，越发激动。你会学到很多技巧和策略，最大限度地提升情商。其中令人感到兴奋的是，学到的东西马上就能用上，可以很快看到结果。

我想不出人类发展中还有哪些方面比情商更值得学习。如果能够掌握心理构成的这个方面，生活里的每个方面都会得到改善——社交生活、职业、幸福程度、个人满意程度等，最有可能改善的是自己的爱情生活。

你还会明白，为什么这么多高智商的人在生活中会失败。他们具有过人的天赋，但无论是对自身的思考还是与他人的社交活动，他们并没有用最佳的方式来管理自己的思想。

好在这并不是过于复杂的概念，不是只有科学天才能够彻底掌握的。情商的课程很简单。每天将学到的内容应用到生活中是很容易的事情。

专注一个月

不是所有的学校都会教学生情商的原则，真是太遗憾了。想象一下，如果学生不仅有学习成绩，还能得到情商的评估和分数，这对社会的影响力该有多大。要是学校培养的毕业生不仅有更好的情感技巧，还有全新的情商水平，我敢打赌，多数人的考试分数也会更高。

再想象一下，如果监狱给犯人培养情商会是怎样的情形？当这些重罪犯最终获释，他们能够更好地调试自己，为重新进入社会准备得更充分，重返监狱的可能性会大大降低。

假设夫妻俩关系紧张，但他们不仅知道情商的概念，而且还把这当作共同生活的核心部分，结果会怎样？很多处于危机中的婚姻都将得到拯救。

等所有事情都做到了，请放心好了，情商的各种概念能够立即帮助你提高物质上的成功、提高幸福感。

今天就请明确选出自己在情商测试中得分低的方面，扎扎实实地在这个方面做些工作，然后转向你希望情商表现突出的另一个方面。

慢慢地，你最终会知道如何游刃有余地管理自己的思想，与不同年龄层次、不同背景、不同性情的人更好地交流。你会成为思想的黑带高手，对自己和未来有着坚定不移的信念和信心。你甚至可以教家人、朋友、心爱的人提高情商，从而大大改善身边的环境。

从此你再也不会被那些吹嘘自己智商高的人吓倒了。你知道自己懂得一种更为重要的智力，能够过更好的生活。

09

贫乏的自我形象

你是否曾经很好奇，为什么有的人聪明、友好又勤奋，到头来却一事无成？

为什么有的人看起来并不怎么努力，也没什么天赋，却总是运气很好，能够实现自己的梦想呢？

我就一直很好奇。事实上，自从成年以后，这个话题就激起了我的好奇心，也一直让我感到困惑。我用了几十年时间来研究人们成败的原因，归结起来，根本原因有两个。

1. **行为体系**。有的人行为有规律，时间久了，其结果与常人截然不同。
2. **从根本上说，成就突出的人，精神状态与常人不同**。他们自信、有勇气，思维模式通常也更加积极。

可以说，精神状态更重要，因为首先是精神状态让人持之以恒地采取行动。精神状态驱动行为表现。头脑清醒、思想坚定、精力充沛的人，做任何事情都会势不可挡。他们能更轻松更快速地完成目标，不会因一时的挫折而气馁，而是保持积极乐观的精神。

既然自信、勇气和积极乐观的精神状态如此重要，那如何培养呢？我认为有几种方法可以帮助练就强大的内心，在本书的其他章节我会具体讨论。但我认为精神武装中有一点至关重要：自我形象。

自我形象法则

倘若内心没有一个可以竭尽全力为之努力的自我形象，就永远不可能取得自己期望的成功，也断然不能在人生道路上享受生活。

为什么自我形象如此重要？因为它决定了你会采取何种行动，每天感受如何。久而久之，每天的行动会决定你的人生结局。

自我形象就像精神运行软件：你的每一项行动都由它而生。自我形象就像是从思想上对自己未来的可能性构建的蓝图。

如果你志向高远，是因为自我形象对此表示认同。如果你接近一个喜欢的人并请求约会，这是因为自我形象认为有了机会。如果屡屡失败后，你仍然坚持为了一个目标再试一次，这是因为在自我形象深处有个声音说，你能够将目标变成现实。

所得即所思

要坚信：自我形象影响着生活的方方面面，告诉你能力之长短，有所为而有所不为。自我形象就像空调里的恒温器。自我形象设定在什么水平，人们就会按照什么标准行为处事。

例如，许多月初业绩不佳的销售人员在接近月末的时候会竭力促成更多的交易，从而让自己回到自我形象习惯的工资水平。但有时也适得其反。如果他们发现在月初突然赚了不少钱，他们的行为方式就经常会无意识地让自己的收入在月末回到常规水平。这听起来不可思议，但如果问问那些销售人员，往往就能得到证实。这种自我形象引导行为的现象随处都存在。

长远来看，通常你得到的东西都是自认为应得的东西。这不是愿望，也不是渴望，而是内心深处的期待。而且，自我形象很大程度上决定了自我期待的程度。

自我形象的力量在中彩票的人身上表现尤为明显。众所周知，几年来，许多中了彩票大奖的人很多最终还是回到中奖前的富裕程度。为什么呢？部分原因是中奖前的这种富裕程度就是他们理想中的水平。有了几百万美元，让他们的自我形象感到不自在，自我形象认为这个是不对的或者不是他们应得的。因此可以肯定的是，不久之后，他们的所作所为又让自己回到起点（事实上，很多时候，他们最终的富裕水平比中奖前还要低）。

马克斯韦尔·马尔茨博士（Dr. Maxwell Maltz）是一名外科整形医生，他长期给人做整形手术，这些人认为自己很丑。他发现，那些病人都受到消极自我形象的影响。20 世纪 60 年代，他的著作《心理控制术》（*Psycho-Cybernetics*）一出版就引起了轰动。书中介绍了一项惊人的发现：即使患者的鼻子或眼睛经过修整后变漂亮了，他们还是认为自己不够迷人。因为他们的自我形象就是自己不够漂亮，无论做多少次整形手术都不能让他们觉得自己漂亮。他们照镜子时看到的是自我形象引导他们看到的自己，而不是真正的自己。

马尔茨博士意识到这些患者需要的是“心态整容”。于是，他开始设计一系列方案帮助人们重塑自我形象，将他们从对自己的消极看法中解脱出来，从而掌控自己的人生。他欣喜地发现，改变病人的自我认知能让他们抛开外表，感到更快乐，更满足于自己的生活。

稍后我将在本章内容中详细介绍他用过的技巧。

一分钟测试

现在我想将重点转移到你身上。你的自我形象是什么样的呢？在下面的方框中，请用一分钟时间按 A、B、C 等级给自己打分。

一分钟测试

自我形象	自我评估（A、B、C）
职业	
恋爱	
社交	
性格	
自律	
外形	
精神意识	
未来图景	

你对自己满意吗？你有没有什么消极的自我意识阻碍自己成功呢？

这是个很有趣的测试，不是吗？如果你和我一样，就会发现自己在生活不同方面的自我意识是不一样的。

有的人对自己的工作能力感到十分自信和骄傲，但对自己的社交能力却评分不高。有的人对外貌自我感觉良好，但认为自己在精神上十分平庸。还有人不喜欢自己的性格，认为自己没有前途。

如果你在多个方面给自己评级为C也不要担心——因为许多人都是这样。人无完人，都不完美。更何况，在生活各方面低估自己是大家的常态。在某一两个方面给自己的评分很低，并不意味着你真的表现很差。分数只是说明你对自己的看法。你的看法可能有偏差，被贬低或者被过分夸大了（例如，如果你知道许多职业模特也认为自己其实很丑，一定会感到不可思议）。

既然能在自我形象中找到自己的弱项，那么你每天就可以花几分钟时间来调整自我形象，这样它才能为你生活的各个方面服务。

重要的是，你要明白，这些观念（心理缺陷）是可以被改变的。这种缺陷通常是因为过往的情绪、人生经历或思维习惯形成的，这些观念不会永远跟着你。

或许你 9 岁时在学校数学很差，自那以后就认为自己学不好数学；也可能你在 20 岁的时候被夜店的一个女孩嘲笑，就认定自己对女性没有吸引力；再或者父亲不停地说，你一生将一事无成，久而久之你也下意识地开始认为他说的是对的。

重蹈覆辙

有一点至关重要，一定要记住：你不是自己想象的那个样子。

人通常有惯性思维，这是对生活环境的机械反应。你的思维方式和过去差不多。心灵 / 身体大师迪帕克·乔普拉博士（Dr. Deepak Chopra）公布了一项数据，与惯性思维的力量有关。他说，研究表明普通人一天会产生六七万个想法，这真让人难以置信。但更让人感到不可思议的是，70% 左右的想法你在前一天就已经想过了！

你本以为自己想出了新点子，但其实基本上你在脑子里一次又一次重复着同样的想法。所谓原创的、新颖的想法，其实往往是机械的、受到条件高度约束下产生的想法。如果这些惯性思维限制了你，让你变得六神无主，或是妨碍你采取行动，那就成了束缚。遗憾的是，事情往往就是这样。

现在，请暂停一会儿，体会一下这个说法带来的巨大影响：你和自己想象中的并不一样。

事实上，几乎可以肯定，你不是脑海中想象的模样。很可能你会比目前自己所想象的要更好，更有才华，更特别。真相是，大多数人自我形象太差，他们低估了自己。

说个有趣的现象。据说如果将跳蚤放进一个密封的罐子，它们会试图跳出罐子逃跑。当然，有盖子封着它们逃不掉。但它们会一次又一次地撞击着罐顶。一天以后摘掉盖子，你会发现一个奇特的现象。跳蚤跳起的高度仅仅达到盖子的高度。即使没有盖子，它们也认为跳起的高度受到限制，没办法跳得更高，因此不可能从罐子中逃出来。它们的想法限制了行动。

在评估自己的能力时，请记住这个故事。有的事过去是对的，不代表现在也是对的。你曾经腼腆、懒惰、笨拙、性急、自私自利，或在某些领域潦倒失意，并不代表你将来不能变得自信、高效、聪明、有耐心、温柔体贴、飞黄腾达。

我们来看看创造一个强大、积极、益于生活的自我形象的实质是什么。

每天不断提升自我形象

第一步就是每天集中精力提升自我形象。生活中，人的思考会让一件事变得越来越重要。这会儿你是在读这本书，因此可能会觉得自我意识很重要，但倘若以后你没有定期琢磨它，你的自我形象也不会得到提高。

要提高自我形象有个好办法，就是规定每天几次思考并提升自我形象。比如，规定自己每天餐前思考自我形象，这样你每天就可以有 3 次思考的机会。

你可以设定闹钟，提醒自己每小时都要提升自我形象。或许每天早晨冲澡的时间就可以用来关注自我形象。有的人在每天跑步或者健身的时候培养自我形象（我就是这么做的，这样可以同步提升自己在身体和精神上的形象）。

思考的时间和地点并不重要；重要的是每天都得训练自己这么做，每天重复多次更好。越是多花时间思考如何塑造，你的自我形象就会越高大。

角色扮演

第二种方法是“角色扮演”。这个方法很有效，已经得到成千上万个人的验证，可以追溯到古希腊哲学家亚里士多德时期。

方法也很简单。当你思考自我形象时，假装自己就是想要成为的那个人。在脑海中树立自己理想的形象，看到这个栩栩如生的形象，接着就像那个人一样行事。假设自己就是一位顶级演员，在为扮演某个角色排练。每天都练习成为你想成为的那个人，很快你就会觉得越来越像那个人。

起初你会认为这样做有些可笑，但如果坚持下去，我保证在三天内你会开始觉得真的在变成理想中的自己，三周后你的行为将发生重大改变。你会变得更自信、更从容，行为表现也更得体。新的思维方式带来新的、更好的行动，继而产生更好的结果。按照理想的自我形象来行动，你会更加自信。适应新的自我形象，整体幸福感也会随之得到提升。坚持一个月，结果会让你感到欣喜万分。

我每天都想着自己想要成为的那个人，并努力像他一样为人处世。说实话，有时候并不容易的。很多时候，理想中的自己与当时的感觉完全相反，因此我需要全神贯注，意志坚定，将思想转移到那个形象身上。我这么做的时候，不过几分钟时间，就感觉很快乐，表现也更好。人们的思想和感受联系得如此紧密，真是令人惊讶。

在过去的一年，我训练自己一上车就开始思索理想中的自我，大家也可以尝试一下。不久之后就会养成习惯，而且很快也不用专门提醒自己，因为自然而然地就做了。

现在我们可以将这种思维方式与普通男性 / 女性的思维方式做个比较。普通人受周围环境操控——如果遇到好事，他们的心情就很好；如果遇到坏事，他们的心情也会随之变差。他们的自我形象随着情绪的变化而发生改变。当事情进展艰难时，他们总是会忧心忡忡，否定自我价值和人格，严惩自己。这当然会破坏他们的自我形象。现实生活中，普通人任由日常生活创造自己的形象，而不是自己坚定地在头脑中构建理想的自我形象，无论生活中遇到什么困境，都不会改变其心志。

我并不是说控制自我形象很容易，但也不是没有可能。当你控制自我形象时，我保证你对生活的满足感会提升一大截。与那些自我形象薄弱、消极的人相比，自我形象强大、积极的人，总是更快乐，表现更好。

效法朋友

培养良好自我形象的第三个方法是，与你交往的对象要像你理想的自我形象那样与你相处，或者至少他们相信、支持你成为理想中的形象。事实上，与你相处的人对你成为什么样的人会产生显著的影响。与懒惰、意志薄弱的人交好，你会慢慢变得和他们一样。经常和乐观、善良、成就卓著的人在一起，他们的态度也一定会反映到你身上，你也会越来越像他们。

遗憾的是，许多人正在看这本书，努力地想在生活中提高自己，却不断地被身边的人泼冷水。如果这些人是你的家人，那么情况就变得尤为艰难。但是你要坚强，尽量少和乌云一样的人在一起。相反，多和那些相信你、欣赏你、能够帮助你实现理想的人交往。这样做会极大地改善你的生活质量。

如今，我也明白，在许多情况下，完全撇开生活中那些消极影响是不切实际的（有的可能是你的商业伙伴，有的可能是你的兄弟姐妹）。但这并不意味着你一天到晚都得和他们在一起。与他们保持一定的距离，尽量少和他们接触，迫使自己寻找新的、更好的、更有激励作用的朋友和伙伴。这是你的生活——要保证自己在生活中与高水准的人交往。如果没有这么做，你会发现，那些精神吸血鬼对你的影响最终会比你当初预料的更加严重。

你的密友通常也是你的顾问小组，因此，他们的聪明、体贴和智慧至关重要。否则，他们给出的建议对你只会有害无益。许多成功人士将他们的成就归功于身边优秀的朋友。他们的挚友组成了智囊团，当事态不尽如人意时，智囊团就是他们的依靠，给他们提供帮助；当一切顺利时，智囊团会为他们喝彩（反过来这些成功人士也会做同样的事）。

请用一分钟时间思考一下你所交往的人。问问自己下面这些问题：

- 他们是支持我还是拖累我？
- 和他们在一起我感到快乐吗？
- 和他们在一起，我变得更优秀了吗？
- 他们是值得交往的人吗？

如果答案并不全是肯定的，那我建议你离开他们，或者至少尽量少和他们接触。是的，我知道这很难，但很重要。唯一的例外就是“慈善场合”。你可能还是要和那些不看好你的人在一起，没法考虑到自己，因为你得去帮助他们。

我很赞赏这种态度，但还是要督促你注意发善心的时间，与那些可以让自己心情愉悦、能够看到自己最优秀品质的人相处的时间，这二者之间要达成平衡。

看看任何一位成功人士，就会发现没有谁是单打独斗，他们通常都有自己的拉拉队，也有睿智的顾问团帮助他们通往胜利。

小心不要掉进绝对个人主义的陷阱。我说的绝对个人主义的意思是，告诉自己尽管总是有人拖后腿，还是可以完全靠自己。尽管这是有可能的，但独自上场会让你筋疲力尽。有合适的团队在背后支持你，生活的方方面面都会变得更轻松，成功的可能性也更大——更不用说乐趣也增多了。

描绘未来

现在我们来谈谈提高自我形象的第四个方法：导师栏。

导师栏可以是一个公告牌，家里的一面墙，浴室的镜子，甚至是一本剪贴簿。一旦找到合适的地方，我请你在这里贴满你最想成为的人物的照片。这些照片可能是顶级商务人士、优秀运动员、伟大的慈善家、圣人或精神导师，甚至可能包括所有这些人。简单地说，就是把任何你敬佩、想要模仿的人的照片放上去。

我们都需要鼓励——那些我们仰视、膜拜的对象也需要鼓励。如果你与这样的人相识，那更好了。但如果像我一样，大多数人的导师都是世界上从未见过的大人物，这也没关系。重点是把他们的照片贴在你每天都能看见的地方，让他们成为你生活的一部分。每次看到他们，这些成功人士就会给你一些鼓励。他们就在那里提醒你，要表现更加出色，享受更多乐趣，把生活经营出更高的品质。

如果生活中没有如此崇高的人物，那就干脆拿自己与周围的普通人相比。但这样的生活标准会比较低。生活中你值得拥有美好的东西，如果你坚持向上看，而不是向四周看，就一定可以得到更好的。这意味着选择能够激励自己的导师，只要以他们为榜样，就能提升你的生活品质。

如果愿意，你贴在导师栏里的照片可以不限于人的照片。可以是想去的地方，心仪的房子或汽车，想练成的体型——任何一个能帮你设想自己希望成为的那个人、理想中的自我形象。

以我自己为例，我喜欢将照片贴在浴室的镜子上。这样每天早上刮胡子，晚上刷牙，就会得到警示，我可以成为、也应该成为（一定会成为）那样的人（我跟你说，来我家的朋友看到这面镜子后都说我是个怪人，但是这一招对我真的很有用啊）。

有时，在寒冬的早晨，天还没亮，闹钟响起，我极不情愿地、睡眼惺忪地走进浴室，准备开始新的一天。那个时候，我绝不会想到表现出色什么的。可是说真的，当我看着镜子，看到那些激励我的人也正看着我，我一下子就来精神了，浑身都是劲儿。这就是一天的美好开始。它让我看得更高远，表现更出色，给了我奋斗的目标。努力过上最好的生活就是我的闹钟。

尝试一个月，看看你的感受如何。

外表影响感觉

下一个提高自我形象的方法就是穿着。说起来或许很肤浅，但事实是，衣着得体，自我感觉会非常好。你会觉得自己能干、专业、时尚，更像一个赢家。

我不是说要买很贵的衣服——只要质量好，买得起，穿上身、心里感觉很特别，这样的衣服就行了。

衣着会在细微处对人产生影响。我敢保证，你肯定经常穿一些好衣服，会觉得好衣服让你心情更好，形象更佳。如果没有的话，那就真该更新衣橱了！如果预算有限，那每年就只买几件，但是质量要好。

在职场中，一条有效的法则就是按照公司上层的风格打扮自己。事实是，如果你的穿着和他们相似，他们就更有可能视你为他们中的一员（因此你升职的机会更大）。在城市里，我经常遇到一些穿着俗气的人，我知道这一定会阻碍他们的职业发展。

记住：我不是说要买你承担不起的衣服，而是要买可以买得起的最好的衣服。这对你的职业大有好处，但同样重要的是，这会让你感觉很好。自我感觉很好的时候，表现也会更好。就这么简单。

自我形象工具箱的力量

现在，在你的自我形象工具箱里，不乏增强自信、保持好心情的多种技巧。你也知道每天要持续关注自我形象，像你期望成为的人那样行动，你最终才能更像那个人。你懂得严格筛选经常与之交往的人，确保他们只会加强你的自我形象，而不是破坏。你也学会了创建一个导师栏，提醒自己按照世界级标准做事，并且根据理想的形象来打扮自己，这样，无论是看起来还是内心的感觉，你都是一个赢家。

这些都是简单的技巧，但绝对是非常有用的。每天只要练习其中一条，一周内就能感受到自我形象的提升。如果把每一条都做到，自我形象一定会与众不同。当一切都在自己的掌控之中时，人们会很自信，表现会更有活力，得到的结果也会明显优于常人。

成功对你来说将更容易，也更自然。你会期待成功，内心深处认为自己就应该获得成功。当自我形象修饰、改善到极佳的状态时，你就会开始意识到，自己是难得的人才，能掌控自己的思想，而不是让生活的起起伏伏控制自己的形象。

生活在很多方面就是思想游戏。这样一种思想如果处于最佳状态，就一定会出现极好的结果。健康强大的自我形象不仅引导你走向更加成功的生活，而且还是更幸福的生活。这不是狂妄自大，是自信满满、是干劲儿十足、是富于创新。处于这种状态的人应对生活中的任何问题都游刃有余，在内心深处明白自己不仅仅是简单地活着，更是生机勃发。

自己相信自己，别人才会相信你。相信自己能行，这种信心会带你走进一个充满无限可能的世界。

10

缺乏思考

有一种疾病正在全世界各个城市肆虐。

我把这种疾病称之为“过度行为”。这是指过度地做、做、做，却从不思考、思考、思考。人们疯狂地忙碌着，本来时间还比较充裕，可是充斥着文山会海，没完没了的活动。

这种疾病已经到了荒谬的程度。我曾经和一个朋友一起喝咖啡，他之前是纽约最大的广告公司创意部门的负责人。他说，很多时候，他的日志里写满了从早 8 点到晚 8 点的会议。那么晚上 8 点之后所有会议结束了他做什么呢？一天的工作才刚刚开始！

这简直是疯了！非常低效！如果我们认为像疯子一样忙碌不休就能做成更多的事，那简直是拿自己开玩笑。绝对不是这样的。我们经常会头脑发热，无法清醒地思考，不能做出正确的决定，也不会实事求是地将事情大幅度向前推进。我们已经沉醉其中，只是为了工作而工作。各种事务让我们应接不暇，将我们淹没，结果许多人一进办公室就开始疯狂地工作，希望可以迅速减少堆成山一样的文件。

只是希望而已。我们刚完成几项工作，新一轮的任务轰炸就又开始了。

沉重的代价

更糟糕的是，面对这忙碌的局面时，有些公司已经形成一种文化，总是赞扬、欣赏忙碌的人。对很多人来说，忙碌就意味着被重视。别人总是找不到你，意味着你会受欢迎，是特殊人物。这种态度只会使那些忙碌工作的人日子过得更艰难。毕竟，这只是让人看起来很不错，仅仅可以保住饭碗。

这个问题不会很快消失，现状令人担忧。工作量只会越来越大，增加的速度越来越快，强度也越来越高。

依我看，要解决当今社会日益增长的超负荷工作压力问题，有两种不错的方案。第一是成为处理事务的专家（在第 3 章我已经告诉大家一些很好的技巧）；第二就是在问题刚出现时就把它解决掉，避免出现超负荷工作的现象。现实是，如果我们能够在 1 周、1 个月、1 年甚至 10 年前就开始用适当的方式思考，根本就不会有眼前这么一大堆工作。

我们这个社会面临的问题就是长期缺乏思考的时间。每天，我们既没有足够的时间坐下来休息，也没有时间进行深度思考：思考如何智胜对手的策略，思考改善人际关系或家庭生活的办法，思考哪种新型产品或服务可以使自己变得富有，思考自己在乎什么，在这个世界上处于什么位置，诸如此类无穷无尽的问题。

重要的是，能看到大部分人因生活中缺乏思考所要付出的沉重代价。面对纷繁的挑战时如果不能思考出独特的办法，就不得不纯粹靠更辛苦的工作、靠常规的普通办法来应对这些挑战。那就是艰苦的工作，长时间且乏味的工作，通常是不必要的——要是动手以前动动脑子就好了。

点子成金

避免生活出现上述窘境的一个最佳办法是，每天腾出时间进行严肃的思考。现在，请拿出本子，用 20 分钟写下“思考时间”，在接下来的一个星期里，每天都要这样做。

只要一周，你就会发现生活有了转变。以前从来没有完全想明白的问题都想明白了，压力水平也降低了。想办法节省几个小时，办事效率也会明显提高。面对没完没了堆成山一样的工作，也开始觉得自己更有掌控力了，自信心也就增强了。

快来试试吧——每天只需在日记本上腾出 20 分钟思考时间，坚持一周。这么做费不了什么事，只会让你更有活力。

做这个练习时，你会和我一样受到启发。我在安排了固定的思考时间以后才开始明白，好的思想对促进整个人类文明的繁荣昌盛极为重要。如果不能将工作和创意思想有机结合，无论是个人的进步还是整个人类的进步都会畸形发展。

以商务领域为例。那些了不起的公司都是靠辛苦工作创立起来的吗？无可否认，辛勤工作发挥了很大作用。任何一家成功企业的创立者都是全身心地投入进去，实现自己的目标，无论每天晚上要工作到多晚。但是残酷的事实是，好几亿人都在辛勤地工作，却仍然没有创建卓越的企业。可见，辛勤工作并不是全部的答案。大企业之所以能够做“大”，是因为他们在创业初期就有卓越的思想。

戴尔是世界上最杰出的电脑公司之一。迈克尔·戴尔当初是凭借工作时间更长来打败所有顽强的竞争对手吗？绝对不是。戴尔公司成长迅速，是因为迈克尔还只是大学生时就具备独特的想法。他相信人们会愿意通过邮件直接下订单购买电脑，而不是通过常规的经销商来购买。直接购买可以节省时间和金钱。所以，他开始在电脑杂志刊登广告，几个星期之内，他就收到了厚厚一叠订单——戴尔电脑公司从此就成立了。

星巴克的首席行政官霍华德·舒尔茨（Howard Schultz）成为亿万富翁，是因为他工作特别努力吗？不错，舒尔茨以见缝插针使用时间而出名——可是任何一个经营咖啡馆的人都是这样，这样的人成千上万。原因并不是这个，而是因为霍华德卓越的思想。他认为美国人会喜欢意大利那种随处可见的特别的咖啡店，于是他有了“第三空间”这个概念——一个介乎于家庭和工作环境之间的地方，人们可以来这里放松、会友、休闲。我认为，这才是星巴克名满全球的核心思想，而不是一天工作 20 个小时。

那美体小铺（the Body Shop）呢？这是世界上最成功的洗浴美容产品公司。这家公司起源于两个非常简单的思想。阿妮塔·罗迪克（Anita Roddick）第一家门店开业时，她没钱像竞争对手一样购买绚丽多彩的包装瓶，而是把每件产品用外形相同的低价塑料瓶包装好，节省客户的成本。她还非常关心提供产品原料的人的生计问题，希望他们得到照顾。这种进步的资本思想成为这个品牌的重要组成部分，为她赢得了价值数百万美元的公众知名度。由于她的公司不仅是为了盈利，许多媒体争相进行了大规模的新闻报道，这家公司的发展动力是为了帮助提供产品原料的那些人群。

思想，思想，还是思想。这是卓越企业的生命力，是卓越生活的原动力。

定期头脑风暴

想想这个问题：你上一次坐下来拿着纸笔信马由缰地写出一些奇特的想法是什么时候？是为了社交生活吗？还是健康？工作？或者未来？

如果已经超过一周，那我认为你做得太少了，不足以取得最大程度的成功。对很多人来说，从有意识地头脑风暴出各种想法开始，可能需要几个月甚至几年才能成功。

这是成为伟大思想家的第一步——规划出时间来专门做这件事。第二要做的就是要学会使用技巧来激发思想。

实用的创意技巧

大多数人用什么技巧来酝酿思想呢？答案是：没有。他们就是坐在那里，希望有什么好办法自动跳到脑子里来。与其什么都不做，不如想想如果能够有已经得到验证的技巧和系统的方法来最大限度提高创造性，结果会好很多。相信你会同意我的说法。

关于这个问题，我认真地想过很久，因为我这辈子大部分时候都是从事创意工作。在广告公司的创意部门工作的人，每天面临着需要持续输送奇思妙想的巨大压力，想不出好点子可能就意味着失业。

因此，我花了很长时间来寻找最可靠的创意技巧。现在我就把我发现的几个最好的技巧和大家分享。一个世纪以前，大部分人认为创造力只是上天赐予的某种技能——有就是有，没有就是没有。但是在过去十几年，研究者们发现，创造力是可以大幅度提升的——从饮食、锻炼的次数、睡眠时间，以及使用具体的思想创新的方法。

因此，如果你认为自己天生没有创造力，请先别忙着下结论。任何人（我是说任何人）都可以成为有创造力的资源库，只要他们专注于这个问题，使用一些我即将告诉大家的技巧就可以做到。

字典法

有个帮助想出新点子的绝佳办法称为字典法。操作很容易。从字典、杂志或脑海里随便挑一个简单的词，最好是一些基本词汇，比如猫、房子、树、月亮、椅子、章鱼等，再想想你遇到的创意难题，怎样才能把问题和这个简单的词汇联系在一起呢？

假设公司需要得到更多的客户，你选的词是“章鱼”。围绕这个词进行头脑风暴，看看脑子里是否能蹦出一些与这个词相关的点子来。

比如说，章鱼有 8 条腿，那么或许需要从公司挑选 8 个人每天早晨拨打商务电话；或许可以每年 8 次给潜在的客户邮寄信件、明信片或者礼物；每个月的第 8 天你可以邀请一些有发展前景的人来喝一杯，听他们说说各自行业的话题。

章鱼住在海里。或许，你可以带着潜在客户乘船度过一个美好的下午。章鱼会放出墨汁，也许你可以以私人名义给过去所有打过交道的客户写一封信，问问他们有没有什么项目你可以帮得上忙。章鱼的触须上有吸盘，所有猎取到的食物都无法逃脱，做一次精彩的演示，防止客户选择其他的公司，你能做些什么呢？

大致明白了吧。

这个技巧真正有趣的地方恰恰在于，你能够迅速想出与面临具体困难相关的一些点子（比如，我刚刚说的办法就是在 2 分钟之内想出来的）。如果我选择了另一个词来做头脑风暴，比如“鸡肉”，我会想出一整套完全不一样的方案来。每个词都会指向不同的方向。

想想这种方法的潜在力量。如果用这个办法练习五六个词，一个一个地尝试，那么今后无论遇到什么样的难题，半小时之内就能有一长串从不同角度思考出来的新办法。

不过，要有耐心。适应这种方法可能需要一段时间，不过一旦学会了可以说一劳永逸。每天只需要使用字典法 10 分钟，就能改变自己的事业和个人生活。

天马行空法

大家可以用这种技巧想出一些疯狂的办法，荒诞的思想，奇异的概念，再努力看看是否从中可以获得一些灵感。

下面是一个例子。假设你有个会计公司，你想把客户数量提高一倍。该怎么做呢？尝试一些疯狂的、不着边际的想法，看看可否从中挖掘出一些好点子。

疯狂点子 1：关闭公司就可以得到更多的客户。真是无稽之谈。不过，这种想法会引导出有用的策略吗？或许每个星期五把公司关闭，用这一整天来拓展新业务，也可以收获颇丰。

疯狂点子 2：不收任何服务费用就能得到更多业务。疯了！不过坚持下去，你或许可以成为第一个保证退款的会计公司。如果客户认为服务人员不礼貌、不敬业、不专业，就可以要求退款。这个政策很有可能让新客户给你的公司开绿灯。

疯狂点子 3：对客户粗鲁，可以增加客户数量。这真是世界上最蠢的想法，但是怎样从这个想法中挖掘出一点有用的东西呢？或许介绍一种服务，提醒客户他们业务的基本原则偏离了轨道。这可以叫作“我们不愿粗鲁，可是……”栏目。在这些交谈中，客户们可以得到真诚、坦白、直接的（甚至带点粗鲁的）咨询意见，如何以及为何需要将业务扶上正轨。

疯狂点子 4：把价格涨三倍，客户就多了。似乎有点愚蠢，对吧？呵呵，不要这么快回答。也许你可以介绍一种特殊的一周 7×24 小时的高价服务。比如，有些客户每个月有机会光临特殊企业家的餐会，或者客户可以会见世界顶级投资顾问，只要这些人没有外出，或者精英客户可以获得普通客户得不到的投资建议。

如上所述，提出疯狂的想法，再思考是否可能使这些想法真正发挥作用，实际上可以出乎意料地帮助想出独特的方案。这种技巧让大脑处于非常状态，迫使人们用前所未有的方式来思考。正是因为使用完全不同的角度来攻克难题，想出来的理念也会比那些从常规套路想出来的办法要有创意得多。

还记得上次想出一个离奇古怪的点子是什么时候吗？就是那种不着边际的点子？或许现在是时候进一步扩展你的想象力了，说不定能搞出什么独具特色的宝贝也说不定呢。

如果所有人从事的工作都是墨守成规，比如有的公司常年都是用同样的方法做事，或者运作特别缓慢、保守，那么天马行空法对这种境况特别有效。这种方法是给思想敲警钟，理顺思路。在合适的时间采用这种方法，结果一定会产生重大变革。

他山之石

如果自己想不出好点子，那就“偷”别人的！

从其他行业借用一些方法，再整合成全新的策略给自己的公司使用，真是太妙了！很多行业表面上与自己的公司完全不一样，但是所用的机制、步骤、技巧却能与自己的企业完美匹配，无缝对接。看明白这一点，人们一定会瞠目结舌。

我给大家讲个有趣的故事。几年前，我在新西兰给一个房地产研讨会做关于高效能的报告。我对售楼的门道知之甚少，所以，我决定不在酒店房间里准备，而是观摩其他发言人怎么讲。

哇！我真是如梦初醒。

我听到很多获取客户的方法，而这些方法在我从事的广告业从来没人教过。有关自主推销前景的精辟见解，如何架构销售宣讲，潜在客户的跟进机制，先进的时间管理技巧，复杂的授权方法等。这些房地产的家伙对销售真是精通！

他们有很多想法都适用于我的行业，但我知道自己的竞争对手可没有使用他们的方法。我一回去就将那些精妙的办法付诸实施，效果立竿见影。从那以后，我就经常运用那些聪明的办法。

有个重要的问题大家要想想：从别的行业能学到什么？律师能传授什么谈判技巧吗？外科大夫会教给自己什么解压方法呢？保险销售人员会有什么时间管理的窍门吗？直邮公司能教授什么客户维系的策略呢？

下面要介绍如何在接下来的一周运用这种技巧提升效果。用五分钟时间想想十个其他行业的朋友。把他们的名字在纸上写下来。再看看这个名单，哪三个人能教会你一些他们在工作中用到的而且可以真正帮到你的东西呢？

好了，找到这三个人了吗？接下来十分钟，分别给这三个人打电话，约定一次咖啡会议或午餐，了解他们在各自行业系统中用过的能够帮到你的最佳方法。只要十分钟就能帮你在接下来一年改头换面。

如果你不在商界，其他行业的办法同样也可以为你所用。如果你是家庭主妇，可以从餐饮业、会计业、幼儿园甚至是治疗行业学到一些非常有用的策略，来改善家庭生活。

如果你是学生，想想可以从商业产能专家、营养专家、计算机专家或者职业演说家那里学到什么东西，来帮助自己提高学习成绩。

如果你是体育爱好者，从销售促销行业、按摩治疗协会、旅游业或者书籍出版商那里又能学到什么呢？

请认真思考这个问题。事实上，只要你持之以恒，定期地加以应用这个技巧，就足以极大提升自己的业绩水平。

不管怎样，如果你做的事情和其他所有人做的都一样，那的确不太容易脱颖而出。从不同行业寻求不同的策略，也就是说你是自己行业内少数使用这种策略的人——这是明摆着的事情。哪怕这种策略不是百分之百适用，也可以让你在竞争中占据明显优势。

明星赶超法

下面是一种有趣的心理战术，我发现只要是陷入思维窠臼的时候，这种策略极其有效。大家很可能有过和我类似的经历，就是怎么也想不出问题的解决办法。你的想法和别人的如出一辙，老实说，这样是解决不了问题的。

或许你没有办法解决这个问题，但如果是美国总统必须得解决这个问题呢？或者比尔·盖茨呢？一位著名的重金属摇滚乐手会提出什么样的解决方案呢？专业的扑克高手呢？如果老板走进房间，你认为他会提出什么样的解决方案呢？还有你的母亲——想想她又会怎样解决这个问题呢？

现在很明显，我不是说真的要你去问这些人（即使你可以直接与白宫通话，嘿嘿，试试看吧！），我是说，花十分钟想象一下，假设自己就是这其中的某一个人，设身处地地想一想，像他们那样为人处世，动脑筋猜猜如果他们遇到与你同样的问题会怎么想。

一开始这可能会显得有点古怪，但是我遇到困境时，或者思考一个问题太久导致答案都是一成不变、毫无期待的时候，这个办法屡试不爽。

我还是一个全职广告写手时，常常会想到那些著名的英美广告作家，我会假装是他们在为一场广告竞赛写稿子。如果我想加入一些更搞笑的元素时，就假装自己是某位巴西顶级广告创意人；如果我想做一些或者创作一些艺术格调高雅的东西，就会想象自己是东京的顶级广告设计师（如果我之前研究过他们的作品，或者读过他们写的东西，就能更好地进入他们的角色）。我发现，每次差不多不到半个小时就会有一堆好点子，比之前的想法都更有新意、更有独创性，也更合适。

如果你是全职父母，也可以使用这个办法。问问自己，如果是家政女王玛莎·斯图尔特（Martha Stewart）会怎样准备一场即将来临的晚餐聚会？脱口秀女王奥普拉（Oprah）将如何解决这场家庭纠纷？尽情去想象吧。

明星赶超法是迫使人们使用全新的横向思维模式。刚开始使用这种方法，很可能你会感觉有点奇怪，但如果坚持下去，我敢说你就能看到长期坚持的效果以及明智的解决方案。

名声法

最后，我们要讨论第五种创意方法：名声法。这种技巧只需问自己一个有力的问题：我要怎样才能想出一个解决问题的办法，能够使我（或我的公司）一战成名？

做普通的事情无法出名——得有令人叹为观止甚至惊世骇俗的事情才能吸引媒体的关注。那会是什么呢？我喜欢这个策略是因为它让你真正敢往大处想，比常规想到的要大得多。

想想电视新闻工作人员到你的办公室或者家里请求采访你，因为你处理一个问题或挑战的方法太离奇——也许是一个皆大欢喜的办法，也许是寻求公众关注度的方法，也许是你为某位好莱坞巨星、某个动物或一群小萌娃服务的问题。有什么办法这么特别，这么与众不同，让媒体一致认为值得在杂志、报纸、新闻网站、电视节目上进行报道呢？

我并不是说这种想出好点子的技巧很容易，但我确实认为人们头脑风暴出一些疯狂的解决方法可以带来很多乐趣。谁知道会不会在那些荒唐的想法中淘到宝呢。

创意回报努力

看到这个标题，我要讨论创意最重要的一个方面：保证你能想出很多想法——不是一点点。大部分人即使很努力也想不出足够的点子来，他们通常只能想出四五个，再从中挑出一个最好的。但是世界上最有创意的人都明白，要想不断提出新奇的点子，首先要能想出许多平淡无奇甚至是可怕的方案。

我在广告界工作时，经常给每一则广告想出上百条方案来。这样，无论如何总还是会有几条不错的创意。创意和生活中的任何其他方面也一样，只要努力就会有回报。大家应该给自己设定一个目标，凡是需要有好点子的时候，最少也要能想出 10 种方案。坚持做到这一点，你的方案无论是在数量还是在质量上都会有很大不同。

练习时间

现在你基本上已经具备了一些竞争对手没有的东西：实用的创意工具箱，可以使你成为最有创意也是最成功的人。从现在开始就勤加练习这些技巧，同仁们会看到你定期提出的解决方案如此有效，都将感到震惊。你会成为一个强大的点子生产机器。

这些方法也可以用来解决家庭、个人的各种问题——实际上，遇到任何解决不了的问题都可以使用。

如今，你有了这个强大的技巧资源库来随意支配。方法就是每周设定一个时间，比如在周五下午留出 20 分钟时间来思考各种方案。把方案写在日记上，实现方案的可能性就更大。只要做这一件事情，你想出来的方案的效果就可以提高 10 倍甚至更多。

我不在乎你认为自己是多么“没有创意”——如果每周肯花 20 分钟，用本章介绍的方法来思考方案，就一定可以想出一些真正有价值的方案来提高收入，改善生活。

11

缺少日常程式

我走进本地的健身房，看到一张巨幅海报，上面印着我见过的最有智慧的文字：灵感助你起航，习惯助你坚持。

说得太对了！不仅仅是健身，任何事情都是一样。我们要坦诚面对一个事实：我们满怀热情和活力启动了一个项目，结果只坚持了几周就没有了动力，难以维系下去，虎头蛇尾。

过去我常常为自己在一些很好的项目上半途而废懊悔不已。直到有一天，我终于警醒，开始问自己为什么会这样。

我想主要有两个原因。首先纯粹是思想上的原因：开始，我们以为推动项目进展会带来很多痛苦，先放一放会让人好受点。这完全是与神经系统联系起来了。你曾经觉得这个项目让自己感到兴奋，可大脑却把它当作是苦差事，工作起来会觉得乏味。在你的内心深处，令你感到兴奋的魔力已经消失了。

然而，有另一个原因促使普通人成为生活的佼佼者，最终超越那些看起来更有天赋的人。这个成功的原因人们鲜有谈论，但极有可能是人们在任何重要活动中是否成功的头号决定因素。

这个因素就是日常程式的妙处。正如那张健身房海报所强调的一样，在最初实现目标的激情褪去后，推动人们不断向前的正是做事的习惯。

这就是为什么在完成预期目标后，还要继续思考可能发生的所有美好的事情。迫使自己反复思考前方最终的胜利，其实就是保持灵感，继续走下去，直到最终取得胜利。伟大的哲学家尼采有一句名言："知生之意义者，善忍世间任何苦痛。"

当你想放弃一件事，或者缺乏足够的动力继续前进时，请审视自己的思维模式。我相信，如果做到这一点，你会意识到，自己花了太多时间去思考向目标迈进是多么辛苦，而不是考虑完成目标后的荣耀。这样的思维真是大错特错啊！

人们的生活质量很大程度上取决于思考的方向。多想想结果总是比纠结过程更令人斗志昂扬——过程嘛，老实说，通常都是枯燥无味的。

关于成功还有一个无奈的事实，就是成功包含了许许多多、无聊乏味的小步骤。如果总是期待完成目标的过程充满欢声笑语，人们一定会非常失望。目标越远大，过程就越艰难。道理就是这么简单。

我认为，认识到这一点很重要。如果每个人都明白成功的残酷性，那么人们在生活中面临残酷时，就不会轻易放弃。

我们在电视上看到很多精英运动员被一群记者簇拥着走上领奖台，也期望能过上他们那样的生活。但当荣耀的时刻过去后，你会发现他们又回到了运动场，有时因为训练得太辛苦而呕吐不已（他们不会在电视节目中透露这个），或者每天早晨四点半起床，独自一人在运动场跑步两小时，或者举杠铃举到肌肉麻木，筋疲力尽。

如此艰苦的训练，运动员们如何能坚持下去？他们眼睛里看到和心里想到的，都是最后的奖牌，而不是正在经历的痛苦。

程式的奇迹

如果给目标设定一个框架，即每天都要完成的程式，那么完成目标的机会就会增加10倍。相信我，这个法子我已经用了几十年。以前我设立一个目标，并没有搭配每天必须做到的计划或步骤程式以求实现这个目标，结果我总是行为错乱，工作效率低下，最终只得放弃计划。但是当我给自己设立了一套程式后，我发现早晨起床也容易了，继续工作计划也不难了，取得进步实现梦想也轻松多了。

程式是实用的。无论干什么，要想取得成功，程式都至关重要。如果说你还没有取得这辈子所期望的成就，很有可能是因为还没有建立一套日常程式。写在日记本上，日常程式非常重要。

看看书店里有关自我提升的书，或者世界各地那种关于高效能、励志的研讨会。这些书和研讨会中通常都有很实用的内容，可是读完了最新上架的自助天才的书籍或者参加了研讨会几个星期以后，你又恢复了老样子。

为什么会这样？因为习惯。这既是人类的魔咒，也是人类的机会。只要能够养成良好、积极的习惯，就能取得显著进步。如果做事只依赖灵感，一旦最初激发的灵感消失，人们一定会走回头路的。

帮助实现目标的机制

你有什么日常程式呢？每天用什么机制来引导、支撑和帮助自己，创造自己想要的生活呢？

不幸的是，大部分人没有积极的日常程式。挣扎着起床，极不情愿地去工作；疲惫地回家，窝在沙发上看电视，瞌睡来了就去睡觉，第二天，所有事情重来一遍，周而复始。

当然，有的人每天做点运动，读点积极向上的书籍，这当然是好的开始。但是却鲜有人制定严格的日常程式。无论在家还是在单位，日常程式都能给自己一贯需要的支撑，以取得高端成就。人们如果能够做到这一点，情况会大为改观。

想想看：如果人们有一套成功程式，比如包括三个聪明的步骤或行为，每天练习，那么到年底，距离目标就前进了一千多步。这绝对是个了不起的进步！而实际上每天人们只需要完成三步。

这有点像金融顾问们常说的复合利益的奇迹。投资者每年获取少量利润，但第二年将该利润重新投资，这笔利润就能快速成倍数地增长。五年内，就能积攒一笔巨额金融储备金。

古时候，有个人帮助过国王。国王要重赏他。这人说，他想要的赏赐就是国王在棋盘的第一个格子放一粒稻谷，在第二个格子放两粒稻谷，以此类推，每一格中放的稻谷数量是前一格的两倍。这个要求听起来好像不算什么，对吧？那就把这个数学题做完吧。等到数到棋盘的最后一格时，国王要给那位恩人几百万粒稻谷。

这就是复合计算的力量，和日常程式的力量很相似。别小看每天走的几小步，积累起来能够产生质的飞越。

毫不夸张地说，完成日常程式已经改变了我的生活。我每天都遵守具体的程式要求，有时自己都为取得的进步感到不可思议。怎样强调这一点都不过分。即使你读了这本书，但并不建立哪怕只有一套日常程式来帮助自己将思想付诸实践，我相信，你想取得明显的进步无异于天方夜谭。哪怕只有一套程式，你也可以得到实实在在的进步。

还等什么，赶紧行动起来吧。

7 条完美程式

接下来是一系列用来支持自己完成各种目标的日常程式。你要做的就是挑出适合自己目标的内容，记录下来，贴在你平时能看到的几个地方（可以是浴室的镜子上，或者是在单位的电脑旁）。

然后，每天早晨醒来时，请向自己保证，无论当天发生什么事情，一定要完成程式内容——不管发生任何事，绝不打折扣。

起初，你可能觉得遵守一套日常程式很痛苦，会有些抵触情绪，但是坚持几周就会养成习惯。一旦形成习惯，你就会爱上这种规律的生活，根本停不下来，走上通往巨大成功的快车道。

接下来的内容是我自创的一些日常程式，大家在阅读的时候可以随意对其进行修改，以适应自己具体的需求和目标。这些程式只是个基本框架，大家可以按照实际需求相应修改。

行业精通程式

这个程式适用于那些希望成为业内知名专家的人。要成为行业顶尖人物，就意味着要跟上最新的行业动态，督促自己每天不断学习。如果每天花 30 分钟掌握行业特点，不到一年，我保证同事们就会认可你是个行家。

行业精通程式

每天

- 阅读行业准则（20 分钟）；
- 浏览行业杂志、网站、博客（10 分钟）。

每季度

- 与一位业内专家喝咖啡。

每年

- 参加两次行业大会。

就是这些。只要遵循这套简单的程式，你的职业生涯就有可能是另外一番景象。很快，你几乎会比国内大多数的同行都更了解自己的行业。

反拖延程式

你做事拖延吗？我就是这种人。所以我想出一套办法，使自己做重要工作时不要拖延或者尽量减少拖延。完成每一个简单的步骤，看看取得的成就比以前多了多少。战胜拖延的关键就是明确自己需要做什么，设置各项工作的重要程度，安排好顺序——最重要的工作优先完成。

反拖延程式

上午（这些程式只在上午完成）

- 设想完成了目标（10 分钟）；
- 写下当天的任务清单；
- 选择最重要的两个任务；
- 即刻开始第一项工作；
- 用至少十分钟时间完成其他每一项重要任务。

这套办法虽然简单，但效果立竿见影。迫使自己明确当天要做的事情，能够立即提升工作动机。要养成习惯，先做最重要的工作，进步会很明显。然后，其他每个任务就花 10 分钟，至少推进了那些工作的进程（如果在一个任务上想要花费更多的时间也行，但是多花的时间不要超过 10 分钟，不要拖拖拉拉）。我常用这套办法，对我来说非常实用。

社交生活提升程式

有了正确的日常程式，任何事情都很容易快速改善，也包括社交生活。如果想和更多的朋友享受更多的乐趣，不能纯粹靠运气。要想做到这些，只需遵循下面的有效程式。

社交生活提升程式

- 列出希望经常见面的朋友和熟人清单；
- 每天早晨看看这份清单；
- 设置一个社交活动的目标，把清单上的人都包括进去（比如喝咖啡、吃午餐、看电影等）；
- 每天给清单上的人打个电话或发一封问候的电子邮件，或者安排一次聚会。

实施这个程式的诀窍就是每天给朋友和熟人打电话或发邮件。我保证，过一段时间后，你每周就会有至少 3 次约会。3 次约会之后，再给接下来的几周安排一些聚会，或者哪怕只是联系一下，打个招呼。

社交生活提升程式最大的好处就是每天只要 10 分钟就能完成——不要告诉我你每天忙得连 10 分钟空闲时间都没有。

实现目标程式

有的事你想去实现已经很久了，但似乎一直没有任何进展，有没有这样的情况？千百万人有着无数的想法，却从来没有时间将这些想法付诸实践，更不用说完成了。你需要的就是一套简单的程式，至少可以保证每天朝着目标迈进一些。

一旦事情启动了，你就能看到自己朝着目标前进，热情也会显著提升。为了实现这个目标，再多做一些事情也没什么大不了的。如果还没有任何进步，通常会是以下两个原因：

1. **你认为，为这个目标努力或实现这个目标会附带一些不好的事情**。比如事情太多，万一目标实现了，生活状态会变得很不一样；你不得不搬到另一个城市去；会被朋友嘲笑等。
2. **没有日常程式就不能有计划地向目标前进**。你总是忙于处理生活抛过来的各种杂事，结果突然意识到，又过了一个月，而你还停留在原地，距离真正的梦想还是那么遥远。

永远不要害怕，这套程式就是帮你解决这两个问题的。

目标实现程式

- 每天三次，设想自己可以实现目标；
- 贴上记事便签，提醒自己目标是什么；
- 把整体目标分解成几个小步骤；
- 给每个步骤设置一个期限；
- 每天早晨上班前读一读自己的目标；
- 每天写日志，规定时间完成目标。

或许这套程式中最重要的是最后一条。如果你真的在日志中规定完成目标的时间，就一定可以取得进步。你要重视那个目标，设置明确的时间表，这个目标就一定能实现。不必花上几个小时——30 分钟基本上就够了——但要保证这是你与自己的约定，不可间断。接下来就看会有什么效果吧。

理想状态是，每天在同一时间做这件事。让身边的人知道你的程式是必须完成且不可更改的，很快他们就会习惯，知道在那个时间段不去打扰你。态度要坚定。如果你自己都不认真对待这个目标，别人更不会。

打扫房间程式

过去我在家完全就是个邋遢鬼。我住的地方一团糟，有时光找车钥匙就要花掉 20 分钟。但是后来我每天遵守了一套基本程式，现在就很容易保持我的地盘干净整洁。现在如果你来我的公寓看看，会很难想象我过去居然是那么邋遢、混乱——屋内摆设现在已变得井井有条。所有这些只需要三步骤的程式。

打扫房屋程式

上班前

- 用 10 分钟时间清洁房屋。

睡觉前

- 用 10 分钟时间清洁房屋。

每周六

- 洗衣服，将不需要的东西扔掉（10 分钟）。

就这么简单，非常有效。这很快就能成为你的习惯，今后再打扫房屋就不费吹灰之力。实际上，我很享受打扫房屋（是真的！）。相信我，回到家看到一个更加整洁的空间，感觉会非常好，而且 10 分钟就够了，非常神奇。大约两周以后，你会发现每天清晨开始打扫以前，屋子已经很干净了。一定要抵制住偷一天懒的欲望！找找可以清理的东西，或者把那些基本上很少用的东西，比如说旧书、旧衣服、旧碗碟等，全部处理掉。

如果你一直等到屋子已经乱糟糟的再去打扫卫生，那就不会形成习惯。关键就是绝对的坚持，培养这种每天的习惯，使之成为完全自发的行为，再做起来就不会费力，也不会有畏难情绪，很快就能完成。你可能觉得很难相信打扫屋子居然不费力气，但是请相信我——如果每天都习惯性地打扫屋子，早晚各10分钟，事情就变得非常简单。

这套程式的最后一点很重要。我发现，如果你每周扔掉几件旧衣服、几本旧书，或者不需要的物品，屋子很快就显得干净整洁了，找起东西来也会容易很多。

幸福程式

在过去的15年里，许多学者研究人类幸福的原因（在第15章我会介绍一些最新的研究成果），有很多事是可以做到的，也能快速改善心情。

我们要面对现实：没有人每天都觉得神清气爽，精神十足。每个人都会有情绪低落的时候。但是，遵守这套基础但又极其有效的程式，就可以真真切切地减少忧郁的心情，享受无限美好、心情愉悦的幸福生活。

关于幸福，有一点要记住的是，幸福并不依赖于人生中发生的事情。幸福是对掌控自己情绪的事件的反应。如果选择耸耸肩，对逆境满不在乎，那么再艰难的困境也不会对你造成多少伤害。如果芝麻大的事也要纠结很久，什么事都太过在意，那么压力和悲伤就会常伴左右。其实所有的事情都取决于你自己。一旦开始为自己的情绪负责，人们就开始明白，自己在掌控情绪。这是很重要的一个心理游戏，必须学会游戏规则。

把这种情绪控制程式融入生活，你就会看到自己的情绪如何得到调整。

幸福程式

清晨

- 设想每天一切顺利（10 分钟）；
- 列出生活中所有美好的事物；
- 晨练（至少 10 分钟）。

晚上

- 回顾一天中所有的美好时刻（1 分钟）；
- 想想你为之感恩的所有事物（1 分钟）；
- 设想人生一切顺利（5 分钟）。

练习这套简单的办法，只要 1 周时间，就会有实质性变化。你的思维习惯（大脑的神经通路）会变得越来越好，你会习惯期盼、想象一个五彩缤纷、积极向上的未来，人生中的重要事件都顺顺利利。当然，积极的预期可以提高你在众人面前的表现，结果自然也会改善。这就形成一个良性循环：积极的思维创造更好的结局，更好的结局又促进更好的思维。

再想想另一条路。如果没有完成这套幸福程式，你的情绪就更有可能随着周围不断变化的环境而变化，不会调节情绪的人在寻求幸福的过程中就会经历更多的跌宕起伏。没有控制力的人，他的思维就相当于在汹涌的海面上航行。

在我看来，这套程式是本书中最大的特色之一。我想不出什么更有价值的技巧能够如此迅速地提升人们的生活质量和思维水平。

到底为什么那么多的人想要成为富有、成功的名人？正是因为相信只有这样他们才会感觉幸福。为什么不能更直截了当地研究自己的情绪，反而要花几年时间来完成那些目标呢？每天坚持幸福程式，你会感觉棒极了。实际上，你的幸福感比那些有钱人或者名人要强得多。控制自己的情绪就可以成为世界的主宰。

接下来的程式同样很简单，但对那些希望过上更好生活的人来说，同样非常重要。

健身程式

当然要健身！保持身体健康、活力四射，有上百种方法。但是如果很难坚持自己的健身计划，那就试试这个方案。我是综合了很多原则才想出来的。

首先，每天哪怕只做一点体育锻炼，也比不做强。即使只是锻炼很短的时间，血液循环也会得到改善，淋巴液回流，荷尔蒙平衡得到调节，身体和大脑供氧改善。同样重要的是，你会觉得身体充满力量，勇气倍增，自尊心也得到了加强。

健身程式背后的第二条原则是，一旦开始习惯每天坚持体育锻炼，你很快就会主动延长锻炼的时间。这很神奇。

第三条原则是将努力最小化。我相信人们放弃锻炼的一个重要原因是他们认为锻炼很痛苦。这一点我想私人教练要承担很大责任。为了让客户快速瘦身，教练设计的运动量太大了。很快，这些客户就会害怕进到健身房，觉得一切真是太艰难了。当大脑开始这样看待锻炼，那真的是需要铁一般的意志才能坚持下来。极少有人能那么坚强。

所以，老实说，只要健身的过程愉快，偶尔给自己一点压力，我是主张每天有规律地进行锻炼的。我非常清楚，这种锻炼方式要想快速看到健身效果是不可能的，但是可以保证锻炼几次后你不会放弃。对大部分人来说，定期、适当地运动比高强度锻炼一两个月最终放弃的效果更好。

这就是健身程式的内容：有规律、享受过程、持之以恒，每天只需要几分钟。

我把情境设想也包括进来的原因是，不参加健身、锻炼的人要想保持身体健康的一个重要障碍是自我形象问题——他们认为自己不健康。我完全相信（生活中任何一个方面）要有持续的变化，关键是先在脑海中设想一个画面，自己想成为什么样子，然后总是想着那个画面。只要几周时间，你的行为方式就会与那个画面趋于一致。

如果开始了健身计划，可还是认为自己不健康，太胖或者体质太弱，那基本上不太可能坚持下去。如果你给自己的设想不是要定期锻炼，你就一定会放弃。

这个问题也和节制饮食的考虑有关。他们从食物的角度讨论节食过程中遇到的问题（减少脂肪含量、计算卡路里等），但是除非从思想上对自己的形象所设想的画面（自我投射）是个更健康、苗条的人，否则坚持健身计划的机会是很渺茫的。

下面是我设计健身程式，一周 7 天都要实行。

健身程式

早上

- 用 10 分钟设想自己健康、苗条、热爱运动（配合激昂的音乐进行）；
- 步行、慢跑或健身 15 分钟。

晚上

- 5 分钟设想时间，内容和早上一样。

要记住，这个计划是给那些不能迫使自己定期锻炼的人设置的，所以故意设计得这么简单。不过别小瞧了它，我可以向你保证，哪怕你一周 7 天，每天只健步走 15 分钟，体型和精力都会有很明显的变化。

只要把计划做得短小精悍，每天坚持下来一点问题都没有。最好每天都在同一个时间进行——这是为了把这个计划变成习惯。如果早晨没有做，那就中午或晚上预备另一个时间段，自动调整。这样，即使错过早锻炼，也可以立即调整到当天晚些时候的备用时间段进行。

每天在同一时间完成固定的活动，真的有助于将这个行为固定成习惯，并把这个过程尽可能变成自动的行为。思考这个问题的时间越短，付诸行动的难度就越小。如果每天锻炼的时间不一样，那要想形成习惯，难度可就要翻倍了。

三套程式足矣

确实，哪怕生活中只有三套程式——一个用于锻炼，一个用于工作，再有一个用来充分享受娱乐时间——生活质量也会大大提升。但是如果没有这些程式，人们在任何领域的进步都会慢得多，不确定性也更大。

固定的程式是成功的真正秘诀。从中长期来看，这是表现平庸和出类拔萃之间的本质区别。看看不同领域的成功人士吧，我敢保证，他们每天一定会坚持按照步骤完成一些任务。

如果在哪个方面没有达到预期目标，根本原因基本可以断定是因为没有程式。简单制订一套每天要完成的计划，坚持下去，几个星期以后，你就会重新设置人生的方向，而且可以再次走上通往卓越的道路。程式不必过于详细，也不必特别耗费时间，重要的是持之以恒。

每天为了同一个目标努力几分钟，总好过从来不努力或偶尔努力。这样人们才能有干劲儿、更有热情、更有活力，勇气和信心倍增，成为业内高手。渐渐地，你就能为自己的梦想创造新的生活。

12

压力

压力是个可怕的杀手。

压力可以毁灭梦想，毁灭幸福，最终毁灭人自身。医学研究者们越来越相信，压力是削弱人体免疫系统、减少人类寿命的关键因素。可以肯定的是：如果感到生活有很大压力了，那么生命本身就有危险了。

二三十岁的年轻人，身体还可以处理压力问题。但人一过了四十岁，还经常处于高压状态就是在拿生命赌博了。

这里有一项惊人的数据。猜猜每周什么时候人们最容易犯心脏病？我来告诉你，答案是星期一上午 9 点！为什么？极有可能是因为人们为即将开始的这一天甚至新的一周的担心。他们太紧张了。

有意思的是，当今社会，大部分人接受了压力。他们认为在现代社会，压力在生活中是不可避免的。是的，在快节奏、凡事都有死线[①]的大环境下，一定

---

① 死线，即 deadline，是英语直译，指最后期限。——编者注

会有压力存在。但是请注意，你可能低估了现有的压力水平，因为你可能已经习惯了高压状态，已经视其为常态了。

我记得有一次去菲律宾长滩岛度假，在那儿待了至少五天后我才真正开始觉得放松。五天以后，我的身体和思想才真正放慢速度，得到休息。那时我终于明白自己一直承受着多大的压力。在那之前，我完全不知道自己有如此紧张。原本以为的正常的生活，实际上高度紧张。

你可能和我一样，或许也只是习惯了紧张状态。我们来做个测试，看看你的压力到底有多大。请用一分钟时间回答下面的问题。

压力测试

	是	不是
醒来时经常感觉疲惫；		
经常无法入睡；		
感觉工作量太大；		
经常对别人发脾气；		
经常气得直喘粗气；		
常常想多了；		
几乎没时间锻炼身体；		
吃饭没规律；		
大部分时候，每天至少喝两杯咖啡；		
怀疑自己性冷淡；		
每个月至少头痛一次；		
吃东西随便嚼两下就吞下去；		
每天工作至少 10 个小时；		
一年多没有度假了；		
每晚需要靠喝酒来放松。		

结果怎样呢?

如果超过 7 个回答是“是”，那你就属于“危险”类别了。许多研究表明，压力是导致疾病和死亡的重要原因之一。这太让人难过了，你需要做出改变。

这本书讲的是失败的原因，当然，没有什么比因为不会控制压力水平而英年早逝更失败的了。让我们来看看压力是如何通过其他隐蔽的方式导致失败的吧。

压力影响工作表现

有压力就很难持续高质量的工作。你很容易感到疲惫，也更容易感到沮丧。你更容易做出冲动、鲁莽的决定，结果发现决定非常愚蠢。有压力的时候，注意力就无法集中，处理大量信息的能力也会减弱。凭你的智商和经验，正常情况下应该有更好的工作表现。

压力影响人际关系

在很多方面，生活的成败取决于人和人之间的关系——不管是工作关系还是社交关系。丹尼尔·戈尔曼博士在关于情商的著作中指出，如果与人相处融洽，无论是工作还是生活都会一切顺利。对待他人的方式和承受的压力之间存在直接的联系。你是否因为压力太大向别人发脾气，结果却很后悔？如果人一直处于压力之中，性格会变差，人会变得更粗鲁，也不那么乐观和在乎别人的感受了。这可不是什么好现象。很多时候，对别人做出愤怒的反应（通常是由压力引起的），可能会毁了几年甚至几十年的交情。代价太大了。

压力妨碍性生活

压力会影响你在会议室里的表现，也会影响你在床上的表现。无论男女，压力太大，性欲就会降低。工作量太大导致精神负担过重，人们上床后唯一感兴趣的事就是睡觉。这没什么好奇怪的。相比生儿育女，人还是会把生存放到更重要的位置。因此，如果你感到十分疲惫，身体的欲火也很难点燃，只想好好休息。如果精神很疲惫，即使有性生活，也是质量平平。如果压力在生活中已成常态，那么很可能几个月后，两性关系会变得紧张起来。

压力影响你的收益

没人想跟被压力绑架的人打交道。很显然，如果客户都认为你很焦虑、沮丧、易怒，那么他们会选择去别处做生意。每次与客户交流时，要给他们留下积极的印象，人们往往低估了这件事的重要性。在一个选择过剩、公司过剩、产品过剩的世界里，友善真的非常重要。

目前我的人生大半都贡献给了广告业。通常我们敲定一笔业务后，客户每年的消费额可能至少有 500 万美元。你肯定会想，要花这么大一笔钱，那些客户肯定要综合考虑价格、产品、质量等基本因素。但依我观察，情况恰恰相反。我多次发现，赢得客户青睐的公司都是最受他们欢迎的公司。而这些客户的理由也很简单，任何备选的广告商都能完成工作，可是他们和谁一起更能愉快地工作呢？这就完全看人际关系了。这就是选择的艰难。

现在想象一下，有一家广告公司的员工全是承受着巨大压力的人。那这家广告商赢得客户的概率有多大呢？依我看，机会很渺茫。

请看看自己的表现吧。在客户或朋友眼中，你是一个有压力的人吗？如果你觉得答案是肯定的，那么我也可以肯定，客户和你相处得并不愉快。他们可能不会明说，但他们有那种压抑的感觉。最简单的事实就是，压力大的人，赚的钱没有觉得轻松的人赚的多。

压力影响生活的方方面面

我们来总结一下压力的危害，它：

让你生病；

可能缩短你的寿命；

可能限制你的决策能力；

让你不开心；

让你丢掉生意；

降低社交的质量；

让你成为一名不合格的伴侣；

让你挣的钱更少；

让人不愿接近你；

降低你的专注力；

增加你的焦虑。

这份清单的内容可不少呢！你是否认真对待过所承受的压力呢？毕竟，我们刚刚看到了，压力会影响到生活的方方面面。

不过，也不要害怕——解决办法即将登场。我花了几十年的时间研究如何减压，现在我将毫无保留地告诉大家我是如何将压力控制在最低水平的。如果你感到有压力了，我的建议是，从以下办法中任选三种，把它们作为一种生活习惯来调节减压。

减压法

深呼吸

说个有趣的现象：人的呼吸模式随心情而改变。生气时通常呼吸较浅（甚至可能极为短促）。进行创作或头脑风暴时，通常呼吸较深。人在冷静的时候，呼吸均匀，而且较为深沉。

人的心情可以从根本上影响呼吸模式。但真正有趣的是，呼吸模式同样影响人的心情。当你努力改变呼吸模式时，心情通常也会随之改变。

因此，当下一次感受到这个世界铺天盖地而来的压力时，请花 5 分钟时间，到一个安静的地方，多做几次深呼吸。吐气时，想象所有的压力正在远离身心。吸气时，想象有一股冷静、平和、乐观的气流进入身体。我保证，你如果坚持使用这个方法，会为自己迅速精神抖擞、全身放松感到惊讶。训练并观察自己的呼吸，当生活中遇到压力了，就花点时间调整呼吸的节奏。

对了，你不必非等压力大到受不了的时候才想起使用这种办法。每天早上醒来后立刻做几次深呼吸，用不了一周，你就会感觉更有活力、更快乐，而且绝对更放松。

释放

对比早晨和夜晚的压力水平，会发现压力水平随着时间推移而升高。要想了解到底是什么原因导致压力水平升高，通常都可以找出当天发生的三五件造成焦虑的事件或情境。每件事情本身可能并没有那么糟糕，可几件事凑在一起，压力就产生了。

有个方法很简单，可以缓解这种紧张。每天只需要释放几次压力即可。

莱斯特·莱文森（Lester Levenson）和哈勒·德沃斯金（Hale Dwoskin）耗时 30 年，用一种名为瑟多纳释放法（the Sedona Method）的技巧完善了这种释放压力的策略。我诚心向大家推荐这种方法。瑟多纳释放法的核心是让人意识到普通人内心都有压力，只是很少把压力释放出来。人们习惯把压力压抑在内心，憋上几天、几周、几个月，甚至几年，结果生活里充满了紧张气氛，这是必然的。

莱文森和德沃斯金认为有三种处理压力的方法。前两种方法十分普通：抑制和表达。抑制，就是对让我们感到沮丧的事情保持沉默，不要表露真实的情感——这种策略无法使人保持精神饱满和心理健康。但是表达这种方式同样存在危险。当然，我们诚实、直接地表达情感后，通常心情会变好，但这种直率的表达会使听者受到伤害，觉得尴尬，感到震惊或者觉得被冒犯，有时这种感觉可能会持续很久。第三种选择，这种方法用得较少，但通常比抑制法和表达法更有效，他们称之为释放法。从本质上来说，这种方法可以帮助你辨别自己的感受，然后让这种感受离你而去。

瑟多纳释放法的具体内容，我就不在这里一一列举了，据我所知，有几万人在瑟多纳释放法的帮助下迅速、轻松地战胜了自己的压力。详情敬请访问网站 www.sedona.com，值得一试。

想要从中获益，不用非得掌握全套瑟多纳释放法教程。训练自己熟练地运用其中几种释放压力的方法即可。任何时候，如果某件事（或某个人）把你弄得心烦意乱，就请闭上双眼，深呼吸，想象自己正在摆脱沮丧和紧张的情绪。只要设想这些情绪离开了自己的身体即可。全天坚持这么做，到傍晚时分，你一定会觉得轻松许多。

如果压力定期得到释放，就不易积聚，损害身心。

列出任务清单

我知道，要说列出任务清单可以缓解压力听起来有些奇怪，但事实如此。我经常发现如果列出我需要做什么、我在乎的事情是什么、我一生中想要达到的目标是什么，我在很大程度上就能冷静下来。

为什么把要做的事情（这一天的或者这一辈子的）列出来可以减少压力呢，我想有几个原因。首先，列清单让人觉得有条理，帮助自己感觉到有对生活的掌控能力。正如许多认知行为治疗专家说的一样，如果人们感觉能够掌控自己的生活，就能感觉到更多的快乐。

列出工作清单能够缓解焦虑的第二个原因是，它有助于摆脱生活中的不明确、不确切的因素。通常，人们感到有压力，不是因为有很多事要做，而是因为不确定所有要做的事是否做完了。你会暗自以为有什么重要的事情忘了做，这可能会导致犯错，漏掉很重要的事情。这样很显然会造成压力。

如果用半个小时时间把任务清单写下来，继而把生活中每个方面的任务都写下来，那样就能在很大程度上缓解压力了。正如组织专家戴维·艾伦（David Allen）所证实的那样，大脑只要明白要做什么，就可以处理更多事务。

建议大家用一个空白的笔记本，按以下类别分别列出清单：

工作；

私事；

理财；

通话；

后续工作；

一天的任务（在这里列出一天内能够处理的所有非紧急事件）。

然后把每个方面需要做的所有任务都写下来。

除此之外，我建议为传统的日常事务预留一页空白。把其他清单里最紧急、最重要的任务抽离出来，在每天早晨开始工作之前放在这个日常事务清单里。

有必要列出所有这些清单吗？我认为很有必要。即使这看起来可能有点夸张，但很快你就会发现，知道自己生活中每个方面的事情都清楚、明白地记录下来了，那感觉真是太好了。这是一种极好的减压方式。

影响圈

如果你真的感觉要做的事情把自己压得喘不过气来，那就把任务和问题分为两类，然后把这两类分别写到两个圆圈里。第一个圆圈里写下你很难解决的挑战，比如对经济状态的恐惧，别人可能会做什么事，其他人需要处理的一些事情，诸如此类。第二个圆圈内列出所有实际上你可以改变和提高的东西——任何你能掌控的情形和任务。这就是影响圈。

太多人都为自己无法改变的事情发愁，这是徒劳的，完全不会有结果的。如果将自己注意力更多地放在可以改变的任务上，那生活就一定可以得到改善。

影响圈的练习是缓解压力的好方法，因为它能迅速把即刻要完成的工作量和积极关心的事情区分开来。人们只需为处理那些真正有能力改变的事情而努力，其他的就听天由命吧。

把所有事务分成两组以后，每天放在办公桌旁，这样就可以提醒自己只用关注那些真正能够产生影响力的事情。

清洁、简化环境

这是我最喜欢的一种减压方式。只要我感觉精神压力过大，就会清理写字台、汽车，还有做家务。我会尽量扔掉一些东西，再把剩下的东西码放整齐。我会保证办公桌周围干净整洁，任何角落里多余的衣服我都会扔进洗衣袋里，再花几分钟打扫浴室和厨房。

这种快速清洁活动给我的内心带来很大变化。我真真切切地感到轻松，可以掌控一切。我发现当我能够掌控局面时，就更相信自己能够掌控自己的生活。

不仅如此，一年中我会尽量丢几次东西。我丢掉了差不多 10% 的衣物，大约 20% 的书籍，多余的鞋子，只留下必要的储物盒。我发现，一般来说，东西越少，我就越觉得有条理。这种简约生活方式每年做个三四次，而不是每五年一次，既简单又迅速——通常半小时就够了。

为什么不现在就试一试这个方法呢？如果你正在办公室或家里阅读这本书，现在可以花 10 分钟把能看到的不需要的东西全部扔掉。将多余的衣服捐给当地的慈善机构，再把不需要的东西扔进垃圾桶。

赶紧去吧！

如果你这么做了，我相信你也会认为，扔掉东西简化周围环境会在很大程度上让自己更轻松、更乐观。

出门晒太阳

越来越多的证据表明，人接触阳光的程度和心情有密切的关系。我不是说要晒得黝黑，而是建议每天晒太阳的时间至少要有 20 分钟。

有数据显示，在缺乏光照的城市，居民的抑郁水平更高。已经有无数研究证明，如果人们很少接触阳光，产生悲观情绪的概率就会升高。阳光影响人体荷尔蒙水平、松果腺的健康状况以及生理节奏。晒太阳并不是一种奢侈的行为——它是维持人体健康功能的必要条件。

人们发现，即使在室内，周围光照的多少也会影响心情。保持灯光明亮会让人心情更好。如果你真想改善心情，那就试试全光谱照明，许多网站上都能买到。全光谱灯泡可发出最接近阳光的光线，因此能让人更加清醒，乐观向上。

管控生活

正如第 5 章所说的，如果你感觉生活失去了控制，那就试着从多角度管控生活。我们的身体和心灵都喜欢秩序感，事实上，整个宇宙都在有条不紊地运行，越是有条理的人，生活就越和谐。

尝试每天在同一时间起床、睡觉、做家务，整理衣橱、书柜、邮件以及每周的安排。你会发现随着生活变得越来越有条理，内心的焦躁和不安会明显减弱，内心开始感觉更平静、更满足。

有些富有创造力的人喜欢将自己视为无政府主义者，认为生活不应该有条理。如果你也是这一类人，我建议你过一周有条理的生活。我相信你会发现，人们在稳定的环境下其实会变得比原来更有创造力——整体的幸福感也会提升。

一日五餐

人们吃的食物大大影响着自身的感觉。吃营养价值低的食物，体内能量就比较少，因此容易产生更消极的情绪。常常让我感到震惊的是，那些认为自己全心全意追求成功的人，在饮食方面却非常随意，好像看不见体内的能量和产出之间的联系。请记住：这二者之间是有紧密联系的。

重要的不仅仅是吃什么，什么时候吃，吃多少也很重要。事实上，如果每天吃五餐，每餐少量饮食，而不是习惯性地一天三餐，每次吃很多，你就会发现自己的压力大大减少了。

为什么会这样？这和身体的胰岛素水平与消化有关。吃得多会使体内胰岛素水平飙升，大约 1 小时以后会让人感到疲倦。吃太多食物，消化也很困难，大多数人并不知道，消化食物要消耗身体里相当多的能量（实际上，仅次于性行为所消耗的能量）。

因此要少吃多餐，让胰岛素水平保持在一个相对稳定的状态，情绪就会更稳定。人们会发现，自己没有以前那么累了。

除此之外，少吃多餐还有一个很大的好处——人会变得苗条许多。我知道大多数人会认为吃五餐肯定会增加体重，而不是减少体重，但很多证据表明，增加餐数是减肥的有效方式之一。

少吃多餐减少体重的好处和身体古老的生存机制有关，这种生存机制人类生而有之。每隔几个小时吃点东西，大脑会认为没必要尽可能多储存脂肪来应对将来食物短缺的情况（这可能源自穴居人时代的人类的身体基因记忆，那时总是很难找到食物）。

如果两餐间隔了五六个小时，身体认为必须要储存脂肪，来保证身体有足够的能量，所以新陈代谢会减慢，体重就会增加。关于少吃多餐策略的更多信息，我建议阅读比尔·菲利普斯（Bill Phillips）的《终身健身》（*Body for life*），他是美国学识渊博的健身专家。

不过即便你已经和超模一样苗条，也会发现一日五餐会让自己更开心、更有活力，而且一定可以减压。

缓解压力从今天开始

回顾这一章讲的 8 个缓解压力的方法，任选至少 3 个在生活中加以应用，就从今天开始。我相信，看到这些技巧如此迅速地降低压力水平，使自己感觉更加平静，更能掌控生活，你一定会又惊又喜。如果身边有谁情绪紧张，你可以向他们推荐这些技巧。如果还想了解更多关于缓解压力的知识，可访问网址 www.whypeoplefail.org。

压力和失败是密切相关的。如果每天能坚持采取行动控制自己的压力水平，就更有可能拥有能量和动力，让自己坚持为胜利而奋斗。

使用本章介绍的减压技巧，一定会让你保持心情愉悦、身体健康，是不是等不及要迎接下一个挑战了。

13

人际关系稀缺

追求成功、财富和成就的人很少考虑这一点：关系的力量。

许多才华横溢的人认为，他们仅凭自己就能攀登梦想的高峰。起初，他们似乎是对的。毕竟，有些人就是比周围的人更聪明、更有活力、更有才华——结果却落入了一个经典的陷阱，他们自认为比别人水平高，不需要别人的帮助就能取得进步。

然而，事实恰恰相反。看过任何一位杰出的企业家、运动员、科学家或艺术家的访谈后，你就会发现，他们身边无不是集结了一支一流的团队，靠牢固的人际关系将他们团结在一起。这个智囊团从两个基本的方面为成功人士提供帮助——知识储备和精神支持。

十个脑袋总比一个强

顶级高手把别人带进自己的世界，扩大知识储备——这些人作为咨询顾问，帮忙出主意，或是对他们的想法提出批评意见。

顶级商务人士有董事会来纠正他们的意见，让他们扎根于现实，为他们提供在生意场上摸爬滚打总结出来的智慧。很显然，即使是“独唱”艺术家通常也会有自己敬重、钦佩的团队，并且关系亲密。

一个简单的事实就是，渴望变得卓越却又没有强大的人脉，没有一支由知识渊博的顾问组成的队伍，那攀登高峰的速度将会大打折扣。

每个人都需要朋友

不过，需要良好的人际关系不仅是为了获得职业发展——还有精神上的支持。

成为佼佼者从来不是易事，谁要是说这件事很容易，那绝对是在撒谎。成功向来都是要付出身体和精神上的双重代价的。为了领先于他人，你一定会遭受更多的磨难——一段时间后，这些磨难便会在精神上让你变得脆弱。

但如果身边有一群温暖、睿智、体贴的朋友——那种经历了时间和困难检验的关系——就可以在很大程度上帮你跨越路上的障碍。有时我们都想要一个可以倚靠的肩膀，一双倾听的耳朵，一份支持的心意。那些努力独自奋斗的人，遇到简单的事情还能一力承受，但事情变得艰难时，就会发现生活的负担让他们步履维艰。

就算成功登上了人生巅峰，却没有人来分享胜利的快乐，那这个高峰也是令人孤寂的地方。这就是为什么除了实现商业目的之外，我们还要经营高质量人际关系的原因。

人类不是孤岛

几乎所有的研究都表明，人在有人陪伴的时候通常会更快乐。这是肯定的，我们都喜欢有自己的空间，有些人要比别人更独立，但一般来说，身边有人陪伴的时候，人们会更开心。事实上，即使是那些性格更爱独处的人，在有他人陪伴的情况下，对生活的满意程度更高。

因此，抛开事业成功，纯粹注重生活满意度，提高生活质量的绝佳策略之一就是巩固自己的人际关系。

回顾一下以前的生活吧。人们大多数的快乐时光都是与他人一起度过的，不是吗？以我个人的经验，90% 的时候是这样。人类需要同伴，我们是群居动物。有头脑的人会花时间和那些与之互相尊重、关心的人建立可贵、持久的人际关系。

无论是在职业生活还是个人生活，如果我们都认可成功有赖于高质量的人际关系，那么下一步就是如何将这种人际关系提升到更高层次。首先，我认为应该将潜在的人际关系分成内圈关系和外圈关系。

内圈关系

内圈关系是由十余个在你生活和职业上都真正在乎的人组成。这些人只要在你身边就能在职业上给你提供较大帮助，在生活上给你带来更多的乐趣。

花点时间快速把内圈关系的人分成两组：职业上对你有帮助的 10 个人和生活上对你有帮助的 10 个人。

记住：这只是初步的分组名单。所以，如果你很难选择谁在哪一组，或是凑不齐 10 个人也无所谓。假以时日，等你习惯了用这些条件来评判自己的人际关系时，这个分组名单自然就满了。

现在有了两个名单，就该集中精力巩固名单上这些人的关系了。首要的一条规则就是高频率。也就是说，如果能定期和这 10 个人保持紧密联系，你们的关系会越来越好。把这两个名单放在办公桌上，保证每天至少和其中一个人进行友好的联系。

什么是“友好”的联系？要保持联系，方法很多。

对生活有帮助的这 10 个人，你可以邀请他们喝咖啡或是一起吃个饭，给他们发一封表达问候的电子邮件或是仅仅打个电话联络一下感情。

对职业上有帮助的这 10 个人略微有点复杂。比较好的联系方式包括给他们送一些相关的书籍或者写一些文字，让他们了解关于你们公司或行业的最新情况，或者把竞争对手的活动以电子邮件的形式发给他们。要保持牢固的人际关系，最好的方式就是发电子邮件或打电话，了解他们曾经提过的生意上的事情。你的兴趣会使他们感到惊讶，企业家们几乎不会和你谈论他们公司以外的其他事情。

无论采用哪种方法和他们联系，要确保自己有所付出，而不是单纯地向对方索取。你所做的、写的、说的任何事情都要以服务对方、帮助对方、使对方能够以某种方式获得更好的生活和工作为目标。

如果你与别人保持联系的主要目的仅仅是要向对方索取一些好处，那还是不要联系了。谁都不傻，他们不会想和那些只是为了给自己兜售产品或服务的人有任何瓜葛。如果你的重点在于如何帮助他们，你迟早会得到回报——有付出才会有回报。

试试每天腾出一段时间，与内圈关系的人保持联系。不用很长时间，每天10~15 分钟就够了，可以慢慢把这个时间延长。如果能够坚持做下去，你会为这些关系的良好进展感到惊讶。

外圈关系

谈到外圈关系，策略有所不同。

生活中处于外圈关系的人是一些你喜欢和他们在一起但关系又不那么亲密的朋友或熟人。这些人只需每周专门拿出 10 分钟和他们保持联系就可以了。要么发个电子邮件，或者打个电话，要么送给他们一些体贴的小礼物。写什么或做什么其实并不重要——重点是要保持联系。如此一来，当你准备晚餐或筹划什么事情的时候可以邀请他们，之后你和他们也就有了更深一步的交情，在一起共处的时光也会变得轻松、有趣、温馨。

职业上的外圈关系也很相似。你在工作上需要与这些人接触——偶尔需要向他们寻求帮助、建议或认可。一些简单的问候，偶尔送送卡片，或发一些有趣的话等。保证自己和名单上的人每月联系一次，在他们心里留下好印象即可。一旦习惯每月联系他们一次，这样的交流会变得很轻松，结果就是扩大了职业圈子的范围，提升你在业内的地位。一系列细微的举动，久而久之都会积累成丰厚的回报。

定期与人际关系内圈、外圈保持联系将对你的生活产生巨大的影响。保持联系，生活上的人际关系将更丰富，随之你的幸福感也会明显增强。如果能与一大批有影响力的公司高管或行业专家建立基本、顺畅的人际关系，你的事业发展会顺畅得多。

人际关系外延圈

下一个值得关注的区域是生活和职业人际关系的“外延圈”。这两个圈子比较小，圈子里的人和你关系还不够紧密（有的甚至可能素未谋面），但你很愿意和他们建立牢固的人际关系。

不断扩展朋友圈，无论是对个人生活还是事业发展都非常有益。然而，从零开始建立各种关系要做大量工作。因此，我建议生活和职业圈的交往从两三个人开始比较好。

这样的朋友并不是越多越好。偶尔给他们发个邀请函或电子邮件，看看他们是否热情地回复。开始新的人际关系一定不要操之过急。如果每年内圈或外圈都能加入几个高质量的新朋友，那就已经做得相当好了。

与同事搞好关系

一起工作的同事要怎样和他们建立更好的人际关系呢？毕竟，这不仅是多多联系的事儿——有时和他们的联系已经够频繁了。

有很多策略值得一试，不过我只提出 3 个我认为非常有效的方法。

1. **赞美他人**。这很简单，但效果非常好。训练自己留意同事什么事做得好，花点时间真诚地夸奖他们。人都渴望得到赏识，但在当今快节奏的职场中却很少能听到。对你来说可能只是一两句话的事，但是别人却可能因为这几句话满心欢喜地记住你，甚至很多年都不会忘记。还有，真诚地赞赏曾经与你格格不入的人，那样能够大大改善你们之间的关系。人们很难讨厌可能喜欢自己或看重自己的人。

最好在别人面前赞美他人，这通常会让他们感到很得意。我在学校军训的时就学到一条很好的领导策略，那就是“公开表扬，私下批评”。多年来我见到许多经理做的正好相反，结果导致给团队士气带来毁灭性打击。

2. **认真倾听**。给别人最好的赞赏就是倾听——认真倾听——他们说的话。在这个电子邮件、智能手机满天飞，注意力不断被分散的世界里，让人们集中精力不是件容易的事。但如果你认真关注一个人，让别人看到你全神贯注地听他们说话，他们会觉得自己很特别，受到了重视。反过来，他们也会更加尊重你，对你更加友好。在解释为什么比尔·克林顿是一位如此有魅力的总统时，人们常常提到的一个原因就是，人们见到克林顿时，感受到了百分之百的、特别的关注，在那一刻，他是真正关心别人在说什么。专心倾听是一个强大的技能。

3. **乐观向上**。人类对能量非常敏感。如果有人工作时老是没有生气，那么即使他们的工作做得很好，我们也不愿意和他们在一起。相应地，我们都喜欢和积极、有趣、乐观向上的人待在一起。他们带给我们能量，改善我们的心情，让我们觉得即使工作再困难也可以完成，让充满挑战的职场变得更有活力。

要对办公室关系（还有公司客户关系）产生积极影响，保持乐观、向上的心态是最简单、最迅速的方式，也是几乎不需要练习就能构建良好人际关系的方法。我绝对不是说你要在办公室像个足球教练一样跳来跳去、大喊大叫，也不是要笑得像个马戏团小丑——我只是说要表现出自己精神百倍、活力充沛，在逆境中也能看到好的一面，努力让别人开心一点，对人对事都朝着好处想，不要有太多负能量。

真的，如果你集中精力在一个月内表现得乐观向上，你会发现职业人际关系（还有生活人际关系）会发生质的变化。生活中能够登上人生巅峰的人并不总是最聪明或是最勤奋的——通常是最积极乐观和最讨人喜欢的人可以走得更远。

明白地说出对同事的欣赏，真诚、专注地倾听他们的心声，与他们相处时保持乐观、向上的心态，很快你就会发现自己在工作上的影响力和感染力都大大增强了。

小技巧，大回馈

这些技巧不需要费多大力气，记住这一点很重要。在这儿花一分钟，在那儿花一分钟，集中精力练习任意一个技巧，就会获得巨大的回报。下面这些方法能大幅度扩大你的人际关系范围。

在别人面前称赞另一个人

在别人面前称赞另一个人，这个话很快就会迅速传到那人耳朵里，收获称赞的人会感到心里美滋滋的。人们都爱听别人赞赏自己的话。我要强调一下，不是说赞美一个人要让所有认识他的人都知道——那就太不真诚了。我是说如果你真的认可一个人，那就一定要让他周围的人知道你的看法。

时常面带笑容

人类生来就具有一种心态：看到身边的人冲自己微笑就会感觉更安全、更舒服。这是人脑识别朋友的一种方式。当你微笑时，也让别人觉得你既自信又有能力。一个暖人的微笑能化解许多紧张的商业谈判或私人争执，能缓解紧张的气氛。现在的社会，有太多人都处于精神崩溃的边缘，一个简单的微笑就是应对日常生活紧张氛围的良药。

偶尔触碰他人

大量研究表明，人们有轻微的身体接触时，回应会更友好。例如，我曾看一个研究提出，服务生短暂性碰触顾客能够得到更多小费。

身体触碰似乎可以在潜意识层面对人们产生积极的影响。有时我们几乎没意识到有人触碰到自己，但事后想起却让我们对那个人产生了莫名的好感。不过触碰要把握好分寸。在一次重要的商业报告中，我们的一位潜在客户因为被碰了一下，他吓了一跳，本能地缩了回去。是的，有些人就是不喜欢身体接触。然而，偶尔跟人进行一些细微的身体接触，特别是那些经常和你交往的人，对增进关系会产生不错的效果。

牢记情感银行账户

人际关系好比是银行账户，如果你总是取钱（求人帮忙、寻求帮助、对人不友好），那最终所有的积蓄都会被花光。但如果你总是想方设法往账户里存钱（帮助他人、陪伴他人、让他们开心），这个情感账户就会处于健康状态。要想从别人那里为自己谋得好处，先要找出自己能为别人做些什么。听起来好像有些矛盾，可事实就是如果先考虑对方，最终才更有可能得到自己想要的——甚至通常能得到的比自己预想的还要多。

你先理解他人，他人才能理解你

这个经典技巧来自伟大的领导艺术专家斯蒂芬·柯维（Stephen Covey）。许多人际关系问题都源于希望别人理解自己的观点，而不是透彻地理解他人的观点。千万别有这种想法，要学会换位思考。别人的感受如何？有什么希望或是期待？如果以这种视角看待社交，和周围人的关系会立即得到改善。如果你的出现不仅仅是为了解决自己的问题，也是为了解决他人的问题时，聪明的人是可以感觉到的。带着这种态度与人交往能够增进彼此的信任，为牢固、持久的人际关系打下坚实的基础。

学习心理学

构建人际关系与生活的其他任何方面一样：钻研得越多，它就越牢固。幸运的是，近 20 年在人类心理和如何影响心理方面的研究取得了重大进步。如果想在人际关系质量上有很大提升，我建议大家研究一下认知行为治疗领域、神经语言程序学、佛教哲学和运动心理学。每个领域都蕴涵丰富、宝贵的智慧，能大大改善几乎所有的人际关系。与生活中其他事物一样，向专家学习也是要付出代价的。当你第一次钻研一些未接触到的概念时，要有点耐心。这些概念是经过了时间检验的，它们经历了上百万的人测试，效果也得到了肯定。

下决心掌握技巧

总之，如果你希望取得更大成功，就一定要下决心掌握这些人际关系技巧。人不可能纯粹靠自己登上顶峰。你在登山的路途中一定会需要别人大量的帮助——建立牢固人际关系的能力，也将决定你找来襄助之人的素质。

人际关系构建领域能做得比较出色的人并不多。因此，如果你认真投入时间从中获得专业技能并取得收获，很快就会发现自己有了很多成功的工具，而这些都是竞争对手难以匹敌的。这些技巧在生活中的任何领域都适用——商务、个人生活或家庭生活——而且通常在这些领域效果显著。

牢固的人际关系就像胶水一样，可以将成功的版图一块块拼在一起。掌握构建人际关系的技巧，就等于踏上了掌控人生、走向成功的道路。

14

缺乏毅力

> 毫无疑问，导致人们失败最关键的原因就是太早放弃。

要说失败的核心原因，归根结底还是早早放弃努力，并不是目标无法完成，也不是因为目标高不可攀，只是因为人们过早停止了努力。

人不能坚持自己的目标有两个原因。首先是自我形象太差。在他们内心深处，不相信自己有能力取得很大的成功，所以在他们尝试的时候，也只是试探性的尝试，犹豫不决，一旦遇到任何困难，随时准备放弃。

不幸的是，大多数人都是这样做的。虽然有着各种梦想，可是经过十余年不温不火的努力后，人们认为要取得卓越的成就真是太难了，所以他们宁可安分守己地过平淡无奇的生活，也不愿意利用失败的教训去博取成功。但是如果我们仔细研究这些人努力的过程，就会发现，很多时候不能成功不是因为目标太难，而是他们的毅力不够。

我不想对这样的人太苛刻，因为事实上，只要是为成功付出的努力，我都会为之喝彩。追求梦想是需要勇气的。同时，我认为教育体制要为此负主要责任。受了那么多年学校教育，有没有哪一门课程具体教过我们如何取得成功？

有没有人教过我们毅力的伟大力量？我确信没有。这真令人悲伤！因为只要学生掌握一门课程——如何理智地坚持，直到实现目标——他们的整个人生就会大为改观。

规避失败

人们不能坚持的第二个原因，是他们认为失败是件丢人的事。

一般来说，人们对失败的理解是失败是可耻的。他们认为，如果在某个问题上失败了，那真是太可怕了。因此，在失败过三四次后，他们变得情绪低落，准备要放弃，这一点也不奇怪。

但是，把这种态度和有卓越成就的人进行对比，不难发现，那些胜利者在追求目标时，甚至在开始之前，他们就已经知道要经历无数次失败。这些人明白，所有伟大的成功都建立在失败的基础之上。这一点他们十分明确。因此，在遇到障碍时，他们不会感到惊讶或沮丧。他们本就预计到会有不好的事情发生，已经做好了心理准备。他们知道必须想出各种办法来清除这些路障，而不是就此放弃。

我们的文化和媒体也要承担部分责任。舆论热衷宣传和表彰的是生活中的胜利者，极少会关注这些人在奔向胜利者舞台的过程中经历过多少失败。大部分商业精英、运动员、科学家、投资者、艺术家都经历过无数次失败，却鲜有人提及。相反，我们在杂志、期刊、电视节目上看到的是这些超级明星是如何特别，如何有天赋（事实上，很多时候这种极其简单、不准确的形象宣传也是胜利者自己建立起来的）。

崇拜成功人士的结果是什么？我们这些没成功的人认为取得成功是因为他们更优秀。我们为了取得一点点进步而奋斗，在阴沟里挣扎，而我们看到的那些人的故事，他们似乎不费吹灰之力就取得了我们求之不得的成功。由此心理失衡，感到挫败。

不要相信这些表象。我从来没遇到过有谁一路走来不是经历过无数失败、困难、失望之后才最终取得了成功。他们可能没有谈到这些情况——甚至会极力隐瞒——但无论如何，失败就是失败，没有办法抹去。

挥之不去的失败阴影应该拿出来光明正大地讨论。我们的社会应该学会不要害怕失败，将之视为通往成功道路上的自然情景去接受它。如果每个人都明白，失败是取得卓越成就司空见惯的组成部分，他们就不会那么快放弃，一定会坚持下去。

想一想，问问自己这些重要的问题。

我对失败持什么态度？我逃避失败吗？我害怕失败吗？对于失败影响到我目前的行动、目标和成功的概率，我又是什么态度？我是真正有毅力的人吗？

我一生中遇到很多次失败。失业、濒临破产、被同行排挤，没有任何人能够理解我，没有完成的目标有几百个。结果，我有两个选择：要么放弃，要么学会如何坚持下去。最终我取得了不起的成就。是的，我选了第二条路，尽管这条路崎岖艰难。

两步法

现在我要告诉大家一个两步法，学习如何成为毅力大师。一想到自己可以成为一位毅力大师，整个人生都能提升到一个更高的水平，就让人感到兴奋。如果成为一个顽强、有毅力的人，就可以增加收入，取得更大的成就，享受更好的生活。生活质量会有显著提升。

这个两步法简单有效。我敢保证，如果大家每天关注自己的毅力，坚持一个月，这个方法就会变成自己习惯性思维模式的一部分。一旦形成习惯，那你将一飞冲天。

坚定

第一个阶段纯粹是思想上的——看待自己的方式。

每次照镜子时要对自己说：“我决不放弃！”自己要认定自己是一个永不言弃、永不放弃的人。任何障碍都阻挡不住意志坚定者的脚步。每次照镜子都要这样说、这样想。

如果可以训练自己坚持做到这一点，你就会注意到，自己的行为在几天内发生的变化。真的，你会展现出不一样的自己。

很多研究结果表明，人类的行为都符合个人的自我形象，但是自我形象不是刻在石头上一成不变的，是可以雕刻、修饰和打磨的。如果每天使用这个简单的技巧，就可以改变你的很多行为，最终结果也一定会有所改变。

实际上，大部分人照镜子的时候都会自言自语，但他们说的尽是些消极、丧气的话。赶快打住！负起责任来。重塑自我形象，告诉自己，我是一个绝对有毅力的人，我绝对不会放弃。

毅力模式

提高毅力的第二个阶段就是要遵循我说的“毅力模式五步法”。

我相信如果大家能够遵循这个步骤，坚持下去，效果会非常明显，能够取得的成就更大、更快。再说一遍，这个办法一点也不复杂，我想大家也一定会认为它可以大幅度提升自己的效能。

无论大家为哪个重要的目标努力，过程中遇到障碍的时候，我强烈建议做到以下五步。

第一步：再次努力

我说这话的意思是，同样的努力要一遍一遍地重复。是不是吓到你了？绝大多数人不会这样做。他们一遇到阻碍，第一选择就是放弃。通常，一项策略行不通时，并不是这个策略有问题——只是因为某种原因没有获得预期的结果而已。

比如，我在事业上，运气最好的一次，是在21岁成为一家广告公司创意部的主管。大多数人要获得这样的职位要在30岁左右，而在业内只有5%的创意部人员才能够坐到这个位置。

其实，给我提供这个职位的公司并不是我接触的第一家公司。在那之前几周，我给另一家广告公司提供了一模一样的建议，但是被拒绝了。于是我就给另一家公司提出了同样的方案，结果得到了重视和一份好工作。

所以，要记住，多数时候你的策略是对的——只是重复得还不够。

第二步：改变策略

一个简单的概念：同样的策略尝试多次还不成功，那就需要改变一下策略。如果同样的事情重复多次之后，得到的结果还是和原来一样糟糕透顶，那就要考虑转变了。

正如作家丽塔·梅·布朗（Rita Mae Brown）说的那样："神经错乱就是同样的事情做了一遍又一遍，但是期待不一样的结果。"

你对目前的人际关系、健康状况或者职业发展感到不安吗？我们大部分人在不同的方面都会觉得内心不安。一旦人们意识到这个说法，就很容易找到自己的错误所在，改变策略，但是难就难在意识不到自己是在重复同样的错误，还认为是在为梦想而不懈努力。

第三步：模仿最好的

你想实现什么目标不重要——古往今来有无数人在你之前已经实现过类似的目标。所以，去模仿这些人——模仿最棒的那个人所做的事情，就有可能获得类似的结果。

这些人可能是你的直接竞争对手，也可能是公司内部某位优秀的员工。也许你要实现的目标与工作无关。如果你想改善人际关系，那就模仿一个你知道的某位精于此道的成功人士。和他们一起喝咖啡，向他们请教，学会像他们一样思考问题。

记住：你真的需要一个新想法，一套备用策略，使最终的结果发生翻天覆地的变化。要寻找有这些智慧精英，就要和那些相关领域的成功人士交往。这就是为什么阅读相关领域专家的著作很重要的原因。这些人犯过的许多错误，你也很可能会犯同样的错误。如果你读过他们的故事，听取他们的建议，注意他们提醒的要点，那会为你的人生道路省下了许多时间。读书的时候拿支笔画下要点，并在纸上写下你准备尝试的一些想法，以便提醒自己将其付诸行动。当你向业内权威学习的时候，就会找到许多伟大的思想，这真是太不可思议了！

你也不用在全世界范围内寻找模仿的对象。看看身边的朋友，或者办公室的同事。谁比你做得更好？他们是用什么特别的方法来做的呢？怎样才能模仿他们取得类似的结果呢？正如成功学大师吉姆·罗恩（Jim Rohn）说的那样，“成功会留下线索”。

大部分人不这么想——他们总想另辟蹊径获得成功。这很勇敢，但却不是明智的坚持方式。在任何领域，模仿最优秀的人，都能使自己提高得更快，也更省事。

第四步：保持积极心态

完成目标有两种方法。两种都管用，但是只有一种让人感到愉悦。

1. 你可以把自己累趴下，尝试所有的事情，但是否能成功心中完全没底。最终，因为你一直在努力，最终也能取得了成功——但是你并不享受努力的过程。

2. 你可以假设自己马上要成功了，想象所有的事情都按照自己的预期进行，而且过程中无论遭遇如何都享受乐趣，采取各种行动解决困难。

两种方法都有效，但是第一种策略随着时间的流逝会消耗太多心力，显然第二种更令人振奋，跃跃欲试。

坚持完成一项艰巨的任务时要选择积极的态度。这虽然是一个小小的选择，却能创造截然不同的经历。相信我，这只是一个选择。即使事情不顺利，也不必沮丧——不管当前的形势怎样，人类总有权利来决定自己的思维。这一点千万不要忘记。

最好的态度就是把生活当作一场游戏，而不是一场战争。只把世界当作一场游戏，你发现自己会放松很多，对生活的困难也能轻松对待。把生活当作战争的人可能会赢得许多胜利，但他们会背负太多自己给自己施加的压力。那样的生活方式太辛苦。

不仅如此，选择积极心态去面对生活的考验也更有可能坚持下去。如果你认为未来的道路充满艰难险阻，不可能成功，那就很容易放弃。

第五步：不忘初心

这真的很重要。有时，我们太沉浸于要做的事情，反而不记得当初设想的宏伟蓝图——而这恰恰是起初工作如此努力的根本原因。结果，我们没有坚持思考生活未来伟大的前景，反而被扑面而来的各种数不清的障碍和困难淹没。

如果这样的事情发生在你身上（我们不要逃避事实——所有人在不同的时期都会遇到这样的事情），回想一下当初的远大抱负是很有必要的。说真的，任何时候，要从低迷的情绪中振作起来，最好的办法就是将自己的思想专注于三年内的期望所在。定期给自己打一针强心剂，想想曾经希望自己的生活是什么样子，任何挑战看起来将不再令你畏惧。这是调整情绪的绝佳办法。

当然，这种期望的设想不必非得要三年之期——一年也可以，十年也行，甚至还可以是希望自己在人世间的旅途到达终点时，度过怎样的一生。不过对于大部分人来说，三年时间是比较合适。三年够长，可以让你有时间取得一些突出的成就；三年也够短，足以让你感觉触手可及，可以比较迅速地实现目标。

成就卓越的人不是靠运气。他们之所以能做到，是因为给未来期望的生活设置了令人兴奋的景象，并且在他们实现梦想过程中，遭遇步履艰难的每一天，都会牢牢记住自己的设想。知行合一十分关键。如果仔细研究任何一个失败的人，不难发现，这些人在知和行两方面都有缺陷。

这就是五步毅力模式。希望大家能看到，要实现自己的目标，除了常用的“努力、努力、再努力”模式之外，还有一个方法要明智得多。或许你需要将这五个步骤打印出来贴在电脑上或者浴室的镜子上，方便自己每天都能看到（我发现写个简单的备忘便签对帮助自己关注那些真正重要的事情极其有效）。

在我们讨论毅力这个话题时，还有一些有效的策略能够帮助自己在艰难的环境中坚持下去。

一点点地完成任务

有时我们所需要的只是一点动力。如果一个项目完全没有启动的原因是你压根就不敢想，那就下定决心做一点点，开个头——无论是多么小的部分。

或许只是打个电话；或许只是列出这个项目的待办事宜；或许只是搜集井

工要用到的所有工具和信息。哪怕只是朝着目标前进了一小步，也会有一种成就感。多做几次，这种动力就会激励你前进。

有时候，如果我没有做事的劲头，就会花 10 分钟完成五个任务，每个任务 2 分钟。比如我会快速收拾屋子，安排一次会议，随便想想周末做点有趣的事，迅速写几笔下一年的目标等。只需 10 分钟，就可以把这么多项目向前推动一步。这些向前推动的小步骤可以让你内心觉得很奇妙，充满取得进步后的成就感。

获取帮助

我们都想靠自己完成目标。但是“我们”总是比“我”要更强大。几个人一起解决问题，交换意见、观点、办法，绝对要有效得多。所以，如果你觉得坚持不下去的时候，不妨找一些人来帮忙。给一个你尊重的朋友打电话，询问对方的意见；给知名专家发邮件，寻求他们的指导（你会惊奇地发现，很多领域的超级巨星其实是乐意花时间来帮助你走出困境）。

或许，创建自己的智囊团，每周或每月与他们会面，解决彼此的困境，相互鼓励。表面上看似单打独斗获取成功的人，实际上都会有人在幕后为他们提供帮助。

如果你执意独自面对，生活会艰难许多。要知道，那些很少和别人打交道的人，与那些身边有强大亲友团支持的人相比，健康快乐的程度明显要低。一般来说，人类是群居动物——我们生来就是要在一起工作，而不是各干各的。如果觉得坚持不下去了，不妨就去找些人来为你加油吧！

关注那些真正重要的东西

在你要完成的所有任务中，其实只有少部分是真正重要的。有时你感觉淹没在一个项目中了，就很容易忘记这一点。要不然就是陷身于几百项任务的深渊中，可这些任务，归根到底其实对你最终的目标没有多大用处。或许是时候做下减法了，把真正要做的事做好。

商务上取得成功，最重要的事情是给不认得的人打电话吗？那就忘记其他大部分工作，把给新客户打电话的时间翻一倍。什么事情能最大程度改善你的人际关系呢？在别的事情上少花点时间，把精力主要用在这个问题上。

关键是要明确任务。如果你问别人工作中最重要的东西是什么——健康、成功、人际关系、精神生活或者家庭生活——他们基本上从没想过这个问题。如果你遇到对自己人生每个方面的头等大事都非常明确的人，那这个人很有可能工作效率更高、更加成功，也比大部分人更幸福。

明确自己的目标，提高工作效率，在关注的方面争取更大的进步，自然而然也就使自己对生活的满意度提高。

你关注的事情是真的重要吗？

休息

如果你很难坚持下去，休息一下也没关系。那可能意味着每天上班花 30 分钟吃午餐，或者给自己一段时间不去想手头的项目，暂时做点别的事情放松一下。

很多人没办法做到这一点。他们的工作精神不允许他们放松。他们的自我形象中，无论承受多大的痛苦，都必须奋斗、奋斗、奋斗，休息在他们看来就是堕落。

我不否认，这是一种高尚的品质，但方法很笨。各种研究表明，人类只有休息彻底以后才能表现更佳。很多成果也正是这样创造出来的。如果没有适当的休息，人的热情终将退却，表现也会每况愈下。很快，继续坚持下去的意志力会明显减退。

要注意休息，无论时间长短。事实就是，即使休息的时候，你的潜意识也还是在想着正在面对的那些问题，仍然在处理数据，重组整合，等回到工作状态时依然会高效运转。有效的休息也是不断坚持的关键一步。

不要忘记锻炼

锻炼会影响人的毅力，我对此深信不疑。如何看待生活与健康状况有明确的关系。人们疲劳的时候是很难坚持的。正如乔治·S. 巴顿（George S.Patton）将军说的那样："疲惫把所有人变成懦夫。"

不要犯这种错误。把健康放在生活的第一位，比把成功放在第一位时能取得的成就反而更大。这是不是很讽刺？

我经常锻炼，我发现锻炼后自己对待工作和目标的态度会变得非常积极和主动。如果我觉得身体状况很好，就更有动力去完成目标。如果感觉没法完成目标，那就去跑跑步，做做瑜伽，练练力量——只要是可以让身体运动起来的事都可以。等你再回来工作时，精神会好很多，更愿意投入工作。

我不是说你每周非得花 5 个小时锻炼（尽管我会这样建议）。不管做什么运动，总比不做强。即使每天锻炼 10 分钟也会对你的乐观程度和坚持下去的欲望产生不小的影响。锻炼真的是可以让一个人改头换面。

犒赏自己

瞄准一个大目标的问题就是，即使不用几年，通常也要花费几个月的时间才能实现。同时，你能够看到的是前面无穷无尽的障碍和挑战，即使是壮志雄心的人也会有感到气馁和动摇的时候。

如果开始一个目标时干劲儿十足，而一段时间后发现自己没了力气，也没有动力，一个能够有效帮助你继续朝着目标前进的方法就是：设立一个奖励机制，在前进的每个阶段给自己一个奖励。

这些奖励可以每天都有，比如假设在下午 5 点以前完成 3 个主要任务，就可以看一部电影；如果给 10 个不相识的人打了商业电话，就去吃一顿美味。奖励也可以是按月给，比如扎扎实实工作 4 个星期之后，给自己一个轻松的周末。

设置一套小奖励和大奖励的机制，你会发现自己在短期内的动力显著提升。这会使得努力工作更有趣，也更加享受，更像一场游戏，而不是一番挣扎。这个机制的要点是不能妥协，没有完成目标绝对不能奖励自己。对自己严格，这个奖励才能真正激励自己走得更远。

花一两分钟写下 10 种自己希望得到的奖励，在朝着目标靠近的不同阶段奖励自己。

可能只是把这些奖励写下来就已经让你觉得兴奋了。成功不必是一番痛苦的挣扎——如果可以在通往成功的路上给自己设计一些有趣的环节，成功也可以很有意思。设置有诱惑力的奖励机制，效果会是惊人的。

如果这些策略中有哪些符合你的心意，那就认准它，立即行动，将它当作自己生活的一部分。

绝不是运气

我相信你已经开始认识到成功真的不是靠运气。把这些经过检验的想法和机制应用到生活当中，就可以极大程度地提升实现梦想的可能性。我们只需要把一些技巧付诸实践，应用到日常生活中来。而失败的人不是这样做的。失败的人没有任何机制来管理自己的思想、身体或行为。他们是被动而不是主动的，是零碎而不是系统的，是断断续续而不是持之以恒的。

不要掉进失败的陷阱。记住这些增强毅力的技巧，真正努力把这些技巧变成生活的核心内容。如果出错了，也没关系——我们经常会出错。只要振作精神，快速回归正轨就可以。

一定要下决心成为一个有毅力的人。努力成为一个不屈不挠的人，不会被任何事情打断。总有一天，在环顾四周时，你会意识到自己不仅实现了梦想，而且比自己想象中要走得更远。

15

对金钱的痴迷

我有个问题要问你：到底为什么买这本书？

是为了帮助自己变得更富有吗？这样做一点没错。有谁不想体验更美好的物质享受呢？但是同时，我们要小心，不要变成金钱的奴隶。

越来越多的证据表明，社会上人们对金钱的渴望已经到了前所未有的程度，而且正不断吞噬着人的灵魂，甚至生命。这种对金钱的渴望，带来的最终结果就是绝大部分人的生活根本算不上成功。相反，他们从某种意义上就是生活的失败者——不快乐，压力大，倍感孤独。

现代历史上，还从来没有这么多人如此痴迷地想变得更加富有。我们渴望更好的车子、更大的房子、更多的玩具、更多的体验、更多的珠宝、更漂亮的衣服……想要的东西越来越多，没有尽头。采访富人的电视节目，推崇奢华风格的杂志，当然还有承诺如果买了某种产品生活就会变得更好的无休止的广告，我们的欲望被所有这些东西一点点放大。

铺天盖地的"欲望媒体"已经让地球上近半数的人为之痴迷，所以我们许多人早上醒来的首要目标就是：变得更加富有。如果追求财富能够带来快乐，那么这种痴迷也无可厚非，但事实恰巧相反。许多研究表明，注重获得物质财富使我们不如以前快乐。我们完全被物欲绑架了，任何美好都与金钱挂钩，任何成就都用金钱衡量，而物欲的不满足让很多人陷入痛苦，忽视家人和亲情，变得愈加肤浅、狂妄和卑微，失去尊严和信仰。

金钱实话

当然，我们都应该努力改善自己的生活（我认为你也会同意这本书大部分内容就是关注这个目标），但如果我们完全专注于金钱和金钱所能买到的东西，那就犯了个极大的错误。

我们来看看现代社会痴迷财富的背后冰冷、残酷的现实，核查独立科学研究关于这个主题得出了什么结论。现在关于物质主义对快乐的影响有大量的数据可供查阅。接下来的内容，我会带大家穿越最有趣、关联性最强的一些研究。我想你会为读到的内容感到震惊。

事实证明：金钱不会让人更快乐

我们还是孩子的时候就已经听过这句话了，但又有多少人真正相信呢？从我们大多数人的生活方式来看，真的没有多少。正如奥斯卡·王尔德所说的那样，“在这个社会上，只有一个阶级比富人更渴望金钱，那就是穷人。穷人不会想别的东西。”

说实话，我们每天大部分时间都想着钱：怎么挣钱，怎么省钱和怎么避免赔钱。这是可以理解的。许多人有压力，因为要付账单，要生存，因此对金钱适度的关注无可厚非。但是将整个生活的重心都放在积攒财富上绝对是一个巨大的错误，下面的研究就充分说明了这一点。

蒂姆·卡塞尔（Tim Kasser）教授和理查德·瑞恩（Richard Ryan）教授采访了不同经济背景的人，这些人都生活在纽约州的罗彻斯特市。他们发现，那些看重金钱、形象和名望的人比不在意这些东西的人更没有活力，更加抑郁。因为这些人认为金钱和名望能让自己更开心，但事实证明恰好相反。正如卡塞尔所说："物质主义价值观越靠近我们的生活中心，生活质量就越低。"

这种现象不仅仅在美国人身上出现。在德国、印度、英国、丹麦、韩国和俄罗斯等国做的类似研究都得出同样的结论——物质主义的价值观和快乐根本毫无关系。

在澳大利亚，也有学者得出了相同的结论。研究者肖恩·桑德斯（Shaun Saunders）和唐·芒罗（Don Munro）在澳大利亚学生中开展了一系列研究。然而，他们发现当学生们看重物质时，其焦虑、抑郁甚至愤怒的程度都要高于其他学生。

著名的快乐学研究者埃德·迪耶纳（Ed Diener）和弗吉尼亚大学心理学教授大石繁宏（Shige Oishi）做了一项十分精彩的学生幸福感研究，他们在 41 个国家的学生中采集数据。结果如何呢？更多证据表明，注重物质的人对生活的满意度更低。

很早的一项研究也证实了上述观点。研究者们在研究幸福与物质主义关系时关注了电视与生活水平之间的关联（以电视的普及程度和覆盖时间早晚等数据为样本），发现了一个很有趣的现象。电视普及和覆盖较早的州，犯罪率远远高于其他州。在核查数据时，研究者们发现，每个州在引进电视的第二年，犯罪率都会上升。

为什么会这样呢？我认为原因在于引进了电视后，人们看到了许多原来没想过要买的东西，还看到有人享受着自己只能在梦里想象的奢华生活，他们的思想变得越来越物质化，有些人就会通过犯罪来获得他们渴望得到的东西和生活方式。

卡塞尔教授和同事们认为物质主义是一种应对策略。人们感到不安或焦虑的时候就会追求物质上的东西，认为这样可以帮助他们减少消极感（或许在你内心深处也有同样的感受）。问题就在于，越来越多的证据显示，寄希望于赚更多的钱根本不能缓解这种感受——通常只会把事情变得更严重。

事实证明：我们几乎不会满足于既有财富

你可能会想，"我知道许多人可能都是这样，但我不是。如果我有 1 000

万美元，我就知足了。我会停下来，放松放松，用赚的钱去享受余生。”

这个想法在理论上成立，但缺少数据支撑。研究表明，无论我们赚多少钱，只会在短时间内感到满足，很快就会想赚更多的钱。我们对财富的欲望通常是无法满足的。那些亿万富翁们仍然渴望赚更多的钱，渴望自己在福布斯富豪榜名单上排名再靠前一点（顺便说一下，如果你认为那些超级富豪比你我更快乐，那就错了。迪耶纳调查研究了福布斯富豪榜上 49 位富翁，发现他们的平均幸福感只比普通美国工薪阶层高 1%）。

菲利普·布里克曼（Philip Brickman）对彩票中奖人做了一个著名的研究。他对比了彩票中奖人和中奖人邻居的幸福水平。最后得出了什么结论呢？彩票中奖人的幸福水平并不比附近普通居民的幸福水平高。实际上，事实证明许多中奖的人日常生活的幸福水平反而降低了。

阿里·卡普坦（Arie Kapteyn）和汤姆·旺斯贝克（Tom Wansbeck）也做了一些出色的研究，研究人们有多少钱才会满足。他们调查了不同工资水平的人，向他们了解需要多少钱才能满足自己的需求。结论就是越富有的人、想要的就越多。换句话说，他们已经习惯了某种生活水平——这是他们的新常态。

无论我们提升到哪种富裕水平，似乎都能很快适应。一旦这种水平变成常态，我们就会寻求更高的富裕水平以满足自己。这就形成了恶性循环。

我们对财富增长的渴望和酒鬼对酒的渴望有什么区别吗？很多人渴望金钱真的就像酒鬼渴望喝酒一样。二者唯一的区别就是，对财富只增不减的渴求是得到社会的包容甚至鼓励的，然而酒瘾却为社会所不齿。当然，人们典型的赚钱上瘾的程度可能不如酒瘾一般强烈，但它仍然是普遍存在的。

问问自己：就算你自己想停止对财富的追求，可是真能做到吗？如果在给出答案之前你很犹豫，说明你正处于生活幸福感低下的危险中，这在许多研究中都一针见血地指出来了。

事实证明：高度的物质主义会影响你的健康

你不仅仅会变得不如以前幸福，也可能会不如以前健康。这同样有大量研究支持。简单概括就是，崇尚物质主义的人，身体状况比不崇尚物质主义的人要差。那崇尚物质主义的人都有哪些健康问题呢?

精力和活力较弱。研究表明，与普通人相比，许多崇尚物质主义的人对生活的积极情绪和热情较少。

内心更压抑。这一点不足为奇。持续不断地为金钱和物质奋斗十分不易，用不了多久就会把人累垮。

胆固醇和心脏病患病率更高。长时间地追求金钱和物质，很难保证营养和规律膳食，心脏的压力负荷可想而知。

抽烟、嗑药、酗酒更严重。许多人借助外物来给自己提神，调节心情，缓解压力和痛苦。

哪怕只有一个健康问题就很让人头疼了，更何况这些症状许多人全部都有！这真不是闹着玩的！对于那些生活目标就是比别人获得更多物质的人而言，这些都是常态。事实是，严重的物质主义让人们身心俱疲。这些人一天到晚都想要获得更多东西，晚上也休息不好，日复一日，年复一年，身体的负担越来越大。

有个奇怪的现象：许多患过心脏病的人说，心脏病发作是他们遇到的最好的经历。他们说只有像心脏病这种威胁到生命的事情发生了，才能将他们从物欲横流、自私自利、精疲力竭的生活中唤醒。

不要非得等到有这么一个警钟敲响你才醒悟过来。现在请认真评估一下自己的生活。为钱财而奋斗是否在消耗你的健康？有句老话是这样说的：“人们为了获得财富毁掉了健康，之后却又愿意舍弃所有的财富来了换取健康。”这真的很可悲，但却说得很对。

我们并不是二者选其一的境地。许多人获得巨额财富的同时身心依然健康。这当然是可以实现的。如果你感觉每天追求财富的同时健康状况持续下滑，那么今天就是应该重新评估目标的时候了。相信我：再多的钱也比不上健康的身体。明白这一点，就请好好生活。

我们应当树立了这样一种观念，把钱放在第一位会让人不够开心、不够满足、不够健康。最初是什么让人专注于金钱的呢？到目前为止，人们可以找到许多关于物质主义方面的有趣研究，结果都不乐观。

填补空虚

一般情况下，人们寻求财富和名望是因为需要被关注——他们认为自己的处境应该比现在更好。因此，无论是在自己的心里还是周围人的心里，他们需要拥有更多的东西，成为更重要的人物。

这样的感受是在成长过程中慢慢形成的。例如，事实证明，崇尚物质主义的青少年，他们的父母通常不太会教育孩子，很少称赞他们，没有为他们提供很多机会。这些父母通常占有欲极强，很少让孩子有自己的安排。结果，这些孩子极度缺乏安全感。另外贫困的家庭环境也容易导致崇尚物质主义。

不爱自己

人们认为自己必须不惜一切代价变成有钱人的另一个原因是他们的自尊心很脆弱。

人们为什么会自尊心脆弱呢？有些研究表明，如果生活环境缺少温情，父母没有爱心，那孩子就很可能受到自尊心问题的困扰。如果小时候感觉自己被忽视了，那么在以后的生活中很容易出现自尊心脆弱的问题。

因此，经常会有这样的事情发生，自尊心脆弱的人想要通过做出某些非凡的成就（比如变得富有或出名）来增强自尊心。目标实现后，他们就会自我感觉良好——至少会持续一段时间。但一旦他们将这种更好的自我感觉和物质成就联系起来，一不小心就会沉迷其间，并在余生中不断追寻这种类似的经历。

最终的结果呢？一生无穷无尽的奋斗，内心期盼别人关注，最终把自己搞得精神萎靡，心力交瘁。

依赖他人

有依赖心理的人通常有行为科学界所说的“条件自尊”。简单地说，就是他们的自尊心取决于别人对他们的看法。这些人认为只要他们能变得富有或出名，别人就会喜欢他们，或者至少会尊重他们。因此他们用多年的时间去抓住这些财富，哪怕可以预见到令人沮丧的结果也在所不惜。一旦达到某种富裕水平，他们就会发现这并不能使自己的快乐程度有丝毫增加，他们便更加努力去赚更多的钱。不可避免的是，他们对自己感觉仍然不好，结果不满情绪会比原来更大。

再有就是受“社交对比”问题困扰的人。有些人发财了，开始和富豪们交往。但当他们看到周围的新朋友后会发现，虽然自己可能还算富有，但周围的人却比他们要富有得多。相比之下他们根本算不上富裕。于是他们渴望更多的金钱、名望、声誉，只是为了赶上新朋友的步伐。

这就是为什么人们经常碰到一些富豪，比如身家五千万资产却还认为自己的钱不够多——因为与游艇俱乐部的朋友相比，他们其实还很穷。

这场财富的角逐很可能会无限循环。实际上，这几乎是肯定的，特别是如果没人指出这种做法其实很愚蠢。那么多高智商的人踏上了这台永不停止的苦难跑步机，完全没有意识到他们这么做的真正原因只是自尊心太脆弱。这让我感到震惊。

如果他们在自己身上花些时间审视自己的内心深处，就会发现他们是自尊心出现了问题而受到驱使，需要采取行动解决问题。可悲的是大多数人不会这么做。他们忙着多赚些票子，甚至不会停下来问自己为什么要这样生活。他们无意中充当了内在冲动的傀儡，这种画面太难看了。

既然如此，我们来思考一个问题：如果追求名利都不能使我们快乐，那什么能使我们快乐呢?

幸福的助推器

我研究快乐的学问多年，现实表明许多和财富无关的东西更能让我们感到快乐。我要和大家说说 6 个强大的幸福助推器。

与人交往

人就要和人在一起，我们是社会性动物。当然，有些时候我们想一个人独处,享受一丝平静和安宁，但通常情况下还是喜欢身边有人陪伴的。研究表明，当人们花时间培养与三四个人亲密、有意义的关系时，通常会比独处的人更快乐。

原因很简单。如果与几个人结下深厚的友情，当你在生活中遇到困难时，就会有人安慰和支持你。遇到开心的事情也有人分享快乐。无论生活是得意还是失意，总有人陪伴。

一定要明白这一点。如果想迅速提升幸福感，从现在开始多花点时间与他们相处。如果你需要多结交几个朋友，那就做两件简单的事：对别人感兴趣，保持乐观向上。只要专注这两个方面，别人就乐意和你交朋友。试试吧。你会对结果感到震惊的。

练习感恩

每天早晚花几分钟时间想一想发生在自己身上的好事。

感恩的人基本不会抑郁。试一试——你就知道是真的。不断专注并感恩美好的生活，人们的消极情绪就会大大降低。

你可能觉得生活如此艰难，一丁点儿让你感恩的事情都没有。我告诉你简直一派胡言！感恩自己还有眼睛、感恩自己生活在一个自由的国家、感恩自己还有钱买吃的（千百万人还吃不上饭）。当你发自内心开始感恩时，就会发现造物主给了我们成千上万件要感恩的事情——只要花点心思就能发现。

帮助他人

著名心理学家马丁·塞利格曼博士在这方面做了一些很好的研究。他让学生做一件善事和一件只让自己受益的事，之后让他们反馈哪一件事让自己更开心。有趣的是，每个学生都说，相比做自私的事情，做善事感觉会好很多。

不要只是偶尔为他人做好事。加入一个社区群体，答应每周见见朋友，帮助他们，或者定下每月帮助 10 个人的目标，把帮助别人变成一件更有规律的事情。你会发现为别人做的善事越多，自己就越开心（并不是我要成为圣人——这是许多研究证明了的事实）。

为什么做善事能让人感觉很好呢？关于这个问题，最好的答案之一在心理学家维克多·弗兰克尔（Victor Frankl）的著作《追寻生命的意义》（*Man's Search for Meaning*）中有所介绍。弗兰克尔展示了人们希望带着真实的目的生活——他们想靠着某种设想生活。当那个设想整体上是以帮助他人或社区为中心时，就会让自己很开心。如果生活的所有意义就是为了获得更多的金钱和物质，这样的生活很快会让人觉得没意思。

增加 Omega-3 脂肪酸

饮食对快乐程度有很大影响。比如，摄入大量单糖会使胰岛素水平迅速上升，继而骤降。这种身体内的化学平衡会对心情产生不利影响。同样，难以消化的食物（比如一大块牛排）会消耗身体更多的能量才能分解，这会让人感觉疲惫，情绪低落。

改善健康的一个好方法就是吃富含 Omega-3 脂肪酸的食物。无数研究表明，缺乏 Omega-3 脂肪酸可能增加抑郁症患病率。有一本名为《大脑的食物：抑郁症的自然疗法》（*Brain Food：The Natural Cure for Depression*）的书，讲了许多关于 Omega-3 和心智的研究，大家可以读一读。

我每天会摄入三个 Omega-3 胶囊，使自己的积极情绪达到最佳状态。人们也可以吃一些深海鱼类来获取 Omega-3，如金枪鱼。越来越多的证据表明，每天摄入 Omega-3 有助于增强记忆，提高整体脑力。Omega-3 给身体的支持非常神奇。

控制注意力

长远来说，让人开心或不开心的不是生活中发生的事情——而是如何应对这些事情。通过控制自己的思想，可以大大改善心情。每天做一点练习就可以真正训练自己更加乐观，充满希望，积极向上。

记住：你要永远控制自己关注的东西。如果只是盯着生活中的消极面（要面对现实——我们都会有消极的一面），那肯定会意志消沉。训练自己多看事情好的一面，至少会感觉好受一些。

把精力放在事情好的一面，最重要的时刻就是思考未来的时候。许多人都为未来而担心，总是做最坏的打算。但从经验中我们得知，最坏的情形通常不会发生。训练自己期待最好的情形要明智得多——人们会表现得更好，感觉更开心，或许还会增加好事发生的概率。谈到持久的幸福，重要的是控制自己关注的事情。

采取行动

人们经历的非常压抑的境况之一，就是感觉停滞不前。任何时候都没有感觉到进步，或是没有掌控生活，人们很快就会感觉不开心。

解决办法很简单：行动起来。生活中在任何一个领域感觉不好的时候都要采取行动：打个电话，参观某个地方，把要做的事情列个清单，再针对清单上的内容做点什么，试着原谅一些人或放下一些事，以某种方式更进一步。

采取大量行动可以在两个方面有效地改善心情。第一，境况因行动本身有所改善——任何进步都让人开心。第二，仅仅采取行动让你感觉对自己的生活掌控力加强，而感觉能够掌控生活通常令人振奋。当然还有一种选择——无能为力——几乎总是令人沮丧。关于这一点如果想知道更多可以读一读威廉·格拉瑟（William Glasser）的《控制理论》（*Control Theory*）。

如果大家现在就感觉自己停滞不前，请列出 3 个可以帮助自己前进的步骤。接下来的 1 小时就做这 3 件事。

平衡

把握好这 6 种幸福助推器，快乐和满足的水平将比指望金钱带来幸福的人要高得多。

不过，我认为，尽管知道了所有这些研究，大多数人以后多少还是会抵制不住金钱的诱惑。毕竟，我们都是凡人。说实话，追求财富并没有错，只要不拜金，不让金钱主宰自己。把自己天性中的志气和每天练习 6 个幸福助推器的努力结合起来，从长远来看人就会富有得多。毕竟，真正的财富是经历真实、丰富的欢乐和陪伴，而不仅仅是某样东西。

最非凡的人生经历之一就是去某个热带岛屿或是贫穷的非洲国家游历，人们会发现，那里的居民即使拥有的东西很少，但往往是自己一生中见过的最快乐的一群人。

为什么？很简单。他们有一个亲密的、互相关爱的群体，关系和睦，感恩生活所赐予的一切。如果我们的思维方式和这些所谓的“原始居民”一样，那么我们也可以拥有那种简单、纯粹的幸福。

16

没有专注强项

我认为我们所处的社会甚至全球各地在学习上都存在一个重大的问题：太过在意自己的劣势。

在西方文化中，只要人们努力战胜了自己的弱点获取胜利，无论这个弱点多么微不足道，都会得到大家的赞赏。我们喜欢听这样的故事：矮个子组建了篮球队，数学差的学生拿到了会计学位，或者平庸的作家终于写出了一本书。作为社会群体，我们十分钦佩不被看好的优胜者，那些处于劣势的人，出乎意料获得成功的人。

请不要误会——我对任何伟大的成就都怀有钦佩之情，发自内心的。但我想表达的是：如果你不适合做某件事，如果那是你的弱项，那为什么还要花几百个小时来做这件事呢？当然，你可能会取得一些进步，甚至还能赢上几次，但这真的充分利用了你的时间吗？我认为不是的，而且越来越多的科学证据支持了我的观点。

我真的认为我们应该改变对待自己劣势的态度——不管是在中学、大学，还是社会或家庭。我们与其对自己的劣势耿耿于怀，试图在劣势上有所改善，不如重视我们的优势，优势做得更加突出。

不幸的是，人们还是会花多年时间改善自己的弱势，但是到头来最好的结果极有可能是这个短板依然很短。这样的结果可不会令人激动。

人们本可以考虑不同的方式生活。假设你的一生关注的都是自己真正擅长的事情，自认为更容易的事情，更有趣、更好玩的事，然后拼尽全力使自己的才华达到最佳状态。这样的生活才是鼓舞人心的。

这也更可能是一种成功的生活。因为你可以做自己喜欢的事，会更加努力，尽可能多了解与之相关的信息，努力做好它。几乎可以肯定的是，这份额外的努力和激情会转化为杰出的成果。

专家的时代

以优势为主的生活有诸多益处。更多成功、更多欢乐、更多自信和对生活更多的满足。这真的是一种更好的生活方式。但人们会感到惊讶，这样生活的人寥寥无几。

全球广受尊重的优势专家马库斯·白金汉姆（Marcus Buckingham）发现，仅有 12% 的人认为大部分工作时间内他们的优势得到了发挥。许多工作者每天利用自己的优势和真正才能的时间不到一小时！难怪这么多人表示在工作日感到无聊、沮丧，通常还提不起兴趣。如果考虑到成千上万的人很可能在工作的时候都没有发挥自己的优势，你很快就会意识到浪费了多少人力资源啊！从根本上说，这意味着世界各地的公司远远没有发挥出他们应有的作用。

注重转化劣势这种思维方式能够盛行，原因很简单。几百年来，社会欣赏的都是通才，也就是无所不能的人。比如，在中世纪，一个既会种地又会制作工具的人比一个只会种地的人更有用处。

工业革命时期，一个既会操作机器又能做财务账目的人要比一个只擅长操作机器的人更有价值。这种思想观念至今仍然在许多公司流行，但这真的是最好的思维方式吗？

我很怀疑。我认为我们已经进入了一个专家的时代。生活变得如此复杂，因此我们很难同时擅长多项工作。各个工作领域已经变得如此深奥、多样、不断变化，因此人们要打起十二分精神，专注跟进某个领域的动态。

例如，据说全世界医学知识量每三年翻一番。在商业领域，互联网迫使我们加倍努力学习。全球化也意味着仅仅知道本国或本行业的动态已经不足以使我们安心度日了——我们必须知道全世界的动态。

鉴于以上所有原因，多才多艺的情况正在消退。这是必然的。如今，更受重视的（当然也是经济报酬更多的）是只在自己本领域中的某一个重要方面出类拔萃的专才。专业律师才能更出名，金融领域的某一方面的专家才能收入更高。精于一个而不是多个项目的运动员才能站在世界的最高领奖台上。

问题就在这里。我认为，在任何一个领域人们都不可能成为真正顶尖、绝对震撼的人，除非你天赋极高——也就是说，除非你的优势得到了充分利用。在自己不喜欢或者不擅长的领域要成为杰出人才真的是太难了。即使最后做成了，也很有可能被同样工作努力但更有天赋、更适合在该领域发展的人所超越。

我们都需要更加重视自己的优势。然后围绕这些优势创造自己每天的生活，这样，我们工作的大部分时间才是用来做自己喜欢的、适合自己才能的项目和任务，我们对生活的满意程度和成功水平才会大幅提升。

盖洛普的研究

大部分优势研究的创举产生于盖洛普咨询公司。盖洛普咨询公司是世界范围内权威的研究公司之一，公司总裁是“优势心理学之父”唐纳德·欧·克里夫顿（Donald O. Clifton），业务负责人是汤姆·拉斯（Tom Rath）。

盖洛普小组调查了近五十多年来对人类思维和行动的研究，希望可以总结出几条最重要的准则，使得任何人都可以根据这些准则来挖掘自身的优势。他们最终有了一些惊人的发现。例如，他们发现如果每天专注于自身的优势，拥有高品质生活的可能性将提高三倍。

另外他们还发现，如果老板只关注你的劣势，那么你工作投入的程度可能仅有1%（老板们请注意：下属中有谁认为你没有关注他们的优势吗？当心。那些职员很可能正准备跳槽，去一个感觉自己更能被他人欣赏，更能施展才华的地方）。在他们调查的1 000万人当中，多达700万人感觉自己的生活不是以自己的优势为中心，这在全球的职场都是个大问题。

克里夫顿和拉斯经过计算得出这样的结论；如果人们没有利用自己的优势，消极怠工的可能性就会上升六倍。人们因此更有可能对待顾客态度恶劣，业绩下滑，与同事的交流缺乏耐心，还经常有抵触情绪。

他们还发现，遭殃的不仅是你的工作状况。那些不在自己“优势区”的人，其健康状态和家庭关系都会恶化。

总而言之，证据全面而确凿。任何不以自身优势为中心来创造生活的人，成功的可能性大大减少，生活质量也会明显降低。

了解自己的优势

即使如此，荒唐的是，只有少数人真正了解自己的优势在哪里，大多数人从未认真地评估过自己的长处是什么。但是，明白自己擅长什么，持续地专注于自己的长处，是提高快乐程度、获得更多成功极其有效的步骤。

你知道自己的优势吗？你是否设计过自己的生活以便专注于自己擅长和喜欢的东西呢？你是否像大多数人一样每天只是照常上班却几乎从不尝试充分发挥自己的天赋呢？

相信我，如果你真的了解自己的优势并将优势置于生活的中心，你的生活水平会极大改善。如果你知道自己擅长什么并能坚持做自己擅长的事，一切都会变得更高效、更有成就，也更享受。做适合自己的事情，生活就会增添很多乐趣，减少很多烦恼。

现在我们一起找找你的优势在哪里。5分钟内你就可以知道自己真正擅长的事，以及运用天赋需要使用的时间。下面请拿出一支笔，完成下面的快速问答。

优势评估

1. 工作时你认为最简单、最有趣的 3 件事是什么？

（1）________________

（2）________________

（3）________________

2. 你需要什么技能把这 3 件事做好？

（1）________________

（2）________________

（3）________________

3. 在校期间你的特长是什么？

（4）________________

（5）________________

（6）________________

4. 你的朋友认为你擅长什么（如果不确定，现在就打电话、发邮件，或发短信询问他们）？

（1）________________

（2）________________

（3）________________

5. 如果钱不是问题，你最喜欢做什么工作？

（1）________________

（2）________________

（3）________________

6. 同事认为你做什么工作比他们做得更好？

（1）________________

（2）________________

（3）________________

7. 你的爱好或工作以外的兴趣是什么？

（1）______________

（2）______________

（3）______________

8. 你认为最有困难或压力的任务是什么？

（1）______________

（2）______________

（3）______________

9. 综合上述答案。以上面的信息为基础，你认为自己最大的优势有哪些？

（1）______________

（2）______________

（3）______________

10. 综合上述答案，你认为自己的弱势有哪些？

（1）______________

（2）______________

（3）______________

11. 最后，评估在工作日期间花费在自己的优势上的时间最多能有多久？

我觉得你会觉得这个问答很神奇。许多人发现，一旦他们问了这些问题，事实上很容易就能找出自己的优势在哪里。只是很多情况下他们并没有花心思去发现罢了。记住：通往伟大成功的第一把钥匙就是了解自己。

最后一个问题的答案通常最令人惊讶。许多人惊奇地发现，每天用于做自己擅长和喜欢的事情的时间少得可怜。我们很多人都会说服自己，生活本来就是这样，大多数情况下工作本来就是无趣的。但实际上大可不必如此。你可以在目前的工作中做出一些细微的改变，就会大大增加你的快乐、进步和财富。

更多详情

如果你认为快速优势评估有效的话，盖洛普公司还有一项 1 小时时长的测试，这项测试会在更深入的层面研究个体优势。为纪念唐纳德·克里夫顿，这项测试被命名为“克里夫顿优势分析测试”。世界上已有 200 多万人做过这项综合优势测试。目前它已经有 24 种语言的版本，而且经改进后可供残疾人士使用。

这项测试对企业很有用。研究表明，雇员们在使用了克里夫顿优势分析测试并得到反馈后，感觉自己更能投入到工作当中，而且工作效率平均提高 12.5%。除此之外，零售店经理得到员工的优势反馈后，零售利润平均提高 8.9%！了解自身优势就是这么重要。

另一项能够帮助人们找到自身优势的著名测试是科尔比指数测试（the Kolbe Index）。这是个简单的在线问卷，不到半小时就能完成，但是能真实反映出你的情况。完成测试后 1 分钟之内，网页就会显示一系列图表，这些图表分析会得出你的长处和应该尽量避免的事情。

几年前我就做了科尔比指数测试，我还会定期回看测试结果，确保正在做的就是自己最擅长的事。我强烈推荐这个测试（注意，这个测试是要收费的）。

展望新的未来

花点时间想象一种与现在截然不同的生活。请想象这样一幅画面：每天或许花五六个小时做一些能让自己感到有趣的事。如果可以设计这样一种生活的话，你不觉得会更喜欢工作吗？我认为这是毋庸置疑的。

这个梦想并非遥不可及。需要一点创造性思维（或许还要花点时间劝说朋友也接纳你的思维方式），我相信几周内就能创建出那种生活方式。

第一步，全面认识到自己的优势，并且明确目前自己花在这些优势上的时间。下一步，与老板、同事、恋人或家人聚在一起，共同讨论出一种工作和生活的方式，不仅能满足你的需求，同时也能满足别人的需求。二者应该并行不悖。毕竟如果你更快乐、更高效，对他们来说也是件好事。

一旦确定了每天如何以自己的优势为中心生活，重要的是制订周计划来保证自己会坚持这种生活方式。记住：一切系统化的事情更有可能实现，而悬而未决的事情都会被生活中更紧急、更容易或更有利的事情所取代。

4个小时足矣

起初，每周在日记里写下每天至少4个小时发挥自己优势的活动，把一天中剩下的大部分时间用来处理其他事情。每周尽早设置这些以发挥优势为基础的任务，这样更有可能完成这些任务。

事实上，我打赌这样的计划可能仅需坚持两周，你的生活就会发生明显的改变。一旦每周提前在日记里写下这些发挥优势的任务，你就会接着做两倍、三倍甚至五倍规模的同类任务。

然后，由于你渐渐地做了越来越多重要的事和擅长的事，内心的幸福感和满足感爆棚。当生活以我们的优势为中心时，绝对会比以前快乐得多。

如果大家认为自己无法每天安排4个小时来做发挥自己优势的事情，那就给自己定个目标，每周至少完成3个主要以发挥优势为基础的活动。这个工作量似乎并不大，你只用关注在此之后生活有了什么进步就可以了。你会感觉自己充满力量，劲头十足，比以前更自信。每周一早晨，用5分钟时间在日记中写下3件以发挥优势为基础的活动。下周一，在你写接下来的3个活动之前，花点时间看看上周任务做得怎样。对自己严格一些！每周坚持，这很重要。

这种新的工作方式将很快变成一个自我强大的循环。你做得越好，对自己和生活会更满意。对自己满意了，自信心就会提升。自信心提升了，工作状态也会越好，如此循环下去。拥有高品质生活最重要的秘诀之一，就是将工作的重心放在自己的优势上。然而，生活中很少有人每天特地明确自己所做的事是不是自己喜欢的和擅长的事情。

灵活而坚定

现实往往是无奈的，总会出现这样或那样一些情况，一个临时会议或者任务突然出现在你面前，原计划做擅长的事情不得不推迟。没关系，保证第二天早上重新开始实施计划，确保这一周有收获、有乐趣就可以了。记住，一定要尽快回归正轨。

当你第一次开始实施周计划时，要对一些人际关系的摩擦做好心理准备，身边会有一些人不喜欢你充分利用时间的那股认真劲儿。那些老是随心所欲地打扰你的人，或是那些生活没有条理、没有规划的人，起初可能会扰乱你的新模式。可以采取灵活点的方式去迎合他们的需求，但同时要掌握平衡，适度保持坚定。这是你的生活，你有权利规划自己的生活以实现成就和快乐的最大化。

不过，经验告诉我，坚定执行自己的规划几周后，身边的人大多都能理解并适应你的规划。

一旦制订了计划并顺利实施，你就可以考虑帮助公司或个人生活圈子两三个人创建他们自己的计划了。这不仅是做善事——让周围的人过上高质量的生活也有助于提升自己的生活水准。他们更高效、更开心，你也会受到感染。想象这样一个世界，与自己联系紧密的群体中，每个人都以自己的优势为生活重心，想想这个群体整体的生活满意度水平吧！一定很高。

和我在这本书里推荐的许多技巧一样，这个技巧也需要大家时时刻刻牢记去应用。所以，我再次鼓励大家在厨房灶台或电脑键盘上贴一个便签提醒自己，或者在电脑屏保程序上做一条提示信息。

还有个实用技巧，就是把自己的 3 个优势和 3 个劣势写在你经常能看到的某个地方。马库斯·白金汉姆建议每天至少看一遍，将它们牢牢记在脑子里。

对孩子也有好处

寻找优势也非常适合与孩子一起训练。他们十五六岁的时候可能已经非常了解自己擅长和喜欢什么了。

与其让孩子因为不感兴趣的学科感到闷闷不乐，不如向他们介绍优势这个概念，让他们相信，即使有个别科目学得很糟糕，他们依然非常优秀。

让孩子拥有以发挥优势为主的生活，或许是家长能给他们最好的礼物。这会让他们感觉更好，为拥有高品质生活，可以为能做自己热爱和擅长的事而激动不已，他们的自尊心将得到很大提升。当然，在学校里他们仍然要学自己不喜欢的科目。但知道了自己的优势，让孩子知道自己有一生都可以依靠的一些优势，这能帮他们在学习有难度的课程的同时，对自己的能力和自尊保持信心。

不仅是为你

顺便说一句，如果你是一家公司的老板或团队领导，确保每位员工都做一次优势测试绝对是明智之举，这对团队工作效率和士气有很大影响。一旦你了解了团队中每个成员的天赋所在，就能把他们安排在他们真正适合、也更喜欢的工作岗位上。这会提升他们的自尊心，也必然令他们更加投入地工作。

作为一名领导者，你的目标应该是确保公司或团队中的每个人都在做自己擅长的事。这并不容易，我们要面对现实：总有些时候我们不得不做自己不喜欢的事。但设计一个场景，或是一套制度，让员工极大程度地参与那些能够发挥他们优势的活动的可能性还是很高的。我相信大家一定同意我的观点。

提升真正的生活

我们接触到的一些测试和工具，可以全面地显示出自己的优势，还能提供一些有效的方法，使我们在日常生活中可以有效利用自己的优势——我觉得这是一件令人激动的事。

研究表明，如果我们知道了自己的优势并加以合理运用，那么我们的幸福感和成就感都会提升到更高水平。这件事很简单，但却能大大提高绝大多数人的生活质量。

以自我优势为中心的生活是规避失败的重要因素。然而，很少有人能准确理解自己的优势所在。后果就是他们每周仅仅花几个小时利用那些优势，这样工作和生活的效率都比较低。

请不要犯这样的错误。回顾前面内容提到的优势评估问卷，或者花点时间把完整的克里夫顿优势分析测试做一遍，然后坐下来制订一个直截了当的每周计划，这个计划能让人的优势在生活中得到更好的发挥。

结 语

WHY PEOPLE FAIL

The 16 Obstacles to Success and

How You Can Overcome Them

真是一段奇妙的旅程！读完整本书，我们知道了失败不是偶然事件——失败的背后总有原因。回顾以前的任何一次失败，其实总能找出不同的办法来规避，或者降低失败影响的严重性。

我们还发现，可以用简单、强大的方法从长远角度来彻底消灭人生中的失败。你可以规划自己的生活，把不可避免的低潮期降到最短，把高潮期尽量延长。

下面让我们来简要地回顾一下人们失败的 16 个原因以及规避失败的方法吧。

1. 目标不明确

专注力很关键。如果没有明确生活的目标，那么每天的行动就是乏味、无趣、缺乏效力的。如果没有总体的生活目标像罗盘一样指导自己，人就会被一些琐事和紧急事务缠身，忽略那些重要的大事。由此一来，我们所处的这个熙熙攘攘的世界，只会让你每天都为迎合他人的需求和梦想而生存，而不是创造自己的生活。

如果有了明确的主要生活目标，围绕这个目标来创造生活，每天都努力让梦想不断接近现实，那么生活质量会飞速提升。如果选择更加明确，问题自然就能迎刃而解，答案也会很快变得明晰。有了明确、鼓舞人心的生活目标，生活的方方面面都会更加顺利。

如果你现在不知如何确立生活目标，我建议从你之前做好的那个清单中选择一个，尝试这个目标生活 6 个月。事实上，如果你在两种生活轨迹之间难以抉择，那往往意味着两个目标都很好，从中任选一个就好了。漫无目的地活着，哪怕只多一天，都是对自己的惩罚。确立一个生活目标，向前进发吧！

2. 破坏性思维

人们的日常思维对自身表现和幸福感有很大的影响。但大多数人从未想过自己可以成为思维的主人——我们能控制自己的思想，引导它支持、鼓励自己，而不是妨碍自己的生活。

我坚信一个人一生中最伟大的时刻，就是他们决定摆脱破坏性思维的伤害，决定掌控自己思想的时刻。从那一刻起，人的生活将彻底改变。

掌控自己的思维再简单不过了。我学习控制自己的思维已经有几十年了，和其他人一样，我也会有沮丧、消极的时候。但说实话，我相信这本书介绍的思维方式和专注技巧足以提升你思维积极的一面。我总是使用这些方法和技巧，凡是认识我的人都说我几乎总是那么积极、乐观、享受生活。这不是随随便便就能做到的，这是日积月累进行思维训练的成果。

3. 产能低下

行动决定成败。你可以想象这世界上最好的生活，也可以有数不清的好点子，但如果没有行动，一切都是痴人说梦罢了。

失败者通常没有足够的行动。这些人说得太多而做得太少。即使他们采取了不懈的努力，大多也是不动脑子的蛮干。三思而后行，核心是进行尝试，对过去的行为做出评估，调整策略，然后再次尝试。如果重复多次效果不佳，只会让人耗费精力，意志消沉。

要想提高效能也很简单：

1. 知道自己想要什么；

2. 采取行动；

3. 如果行动没有效果就改变策略，有效果就坚持下去。

先把这些技巧用在最重要的事情上，并且要在不被人打扰的时间段，这样一来你就能比世界上绝大部分人效率更高。

有些人能用一天的时间完成一周的工作，早早下班回家，让人惊叹那些人的效率之高。我决心以最高水平学习并掌握高效能的技巧，而且我也主张你们也这样做。

4. 固定思维模式

人有两种心态：固定心态和成长心态。有固定心态的人害怕探索新的领域，极为在意别人对自己的看法。这种心态会限制人的行为，使人倾向寻求安逸，不敢扩展自己的领域。由于我们生活在一个不断发展的世界，这样的心态会让人在职场和个人发展上渐渐落后于他人。

固定心态不来是可以做出改变的，可以有意识地培养成长心态，结果和效率几乎立即得到改善。那些具有成长心态的人将学习和进步放到至高无上的地位。有成长心态的人总是在不停地寻求进步，在工作上日益娴熟。取得进步和发展感觉特别好，因此与别人相比，这些人的成就感和幸福感更高，自尊心也更强。这不仅仅是一种更有效的生活方式——也会带来更多的乐趣。

5. 精力不足

我们经常会忘记人体就像一台精密的机器。和任何一台机器一样，身体也需要保养，需要有高质量的能量源。如果现在忽视自己的精力水平，那失败在所难免，或者至少各方面的表现只能勉强达标罢了。

我发现很多公司的高管认为自己忙得没时间好好吃顿饭、睡个好觉，或者普遍无法照顾好自己。他们要做的事太多了。但可笑的是，大量研究表明，如果他们选择休假，保证自己的精力水平保持在最佳状态，而不是从早到晚忙个不停，他们能做的事情会更多。

精力很重要。要想取得长久的成功，精力充沛至关重要。同时，精力也是幸福的重要组成部分——当你精力充沛时，思维也会更清晰和活跃。今天做了什么来提高精力呢？天然的食品，精神饱满的运动，规律的睡眠，冥想缓解压力，所有这些加起来，会取得惊人的效果。

6. 提错误问题

人很容易随波逐流，忙于应付周遭发生的事情，却不会停下来提出重要的问题。事实是，你经常问自己的那些问题的质量决定了你的生活质量。

我在第 6 章列举了我经常问自己的一些重要问题——比如我停滞不前、压力重重、想寻求机会或试图打破传统思维方式。当我感到失落时，发现这些问题对我的帮助特别大。这些问题让我向前看，而不是陷入当前状况的泥潭中停滞不前。

试试这些问题吧。把问题写在纸上，放到手边的抽屉里，每当需要未来方向的指导时，就拿出来看看。当然，大家可以随时在问题列表上添加自己的有效的问题。谈起建设性思维、有效思维时，这些问题就是答案。

7. 拙劣的演示技巧

不管你喜不喜欢，我们都生活在一个肤浅的世界里。如果你展示出来的形象欠佳，那你的努力往往就白费了。记住：如果自己的东西不能让别人接受，不管是一个点子，一个产品，一种服务还是一个人，也就别指望有什么好事了。

谴责这种态度是没用的——生活本来就是这个样子。唯一的解决办法就是尽快学会做演示。

我已经展示了一些卓有成效、快速提升演示能力的技巧。但如果你只是粗略一看，那么这些技巧对你一点作用也没有。每周规定一个固定时间来训练自己做这些演示技巧，至少坚持一个月，请朋友们对你的演示做出评价。自己把演示内容录下来，反复观看，就像所有顶级体育明星回顾自己的比赛一样。

人不是天生就会做陈述，是练出来的。善用这个技巧，你的生活质量将大幅提高。这是可以保证的。鲜有商业成功人士不会做演示。在社交场合，会做演示的人明显比不会的人更有优势。

8. 错把智商当情商

情商的认定是现代精神科学最重要的突破之一。在过去的几十年里，人们认为智商测试分数是反映精神力量的最精确的指标，但新的情商研究却提出了完全不同的解释。我们的情感智慧——与人产生共鸣、自律、乐观以及和周围的人相处的能力——都对我们一生的成败有着深远影响。

说实话，智商的重要性曾被无限夸大。但这对我们来说是件好事，因为智商是很难提高的，但是只要做到以下两件事情，情商可以在几周内就得到提高。

第一，弄清楚自己哪方面的情商得分较高，哪些方面还有待改善；第二，每周花些时间改进有问题的地方。这些努力能带来很好的回报。

人际关系更好，职业晋升更快——情商高甚至可能改善身体健康状况。

9. 贫乏的自我形象

人们见过的失败者都认为自己是不会成功的。自我形象和表现是紧密相连的。好消息是，有几种有效的方法能够改善自我形象，继而行为表现也会得到改善。每天至少抽几分钟时间想象自己是成功的。每晚睡觉之前回顾自己的一些成就。积极地与自己交谈，成为自己的精神导师（我早上开车去健身房的时候就会给自己打气——虽然我看起来像疯子，但这法子确实管用）。用积极的方式替代消极的方式，这比想象中的要简单。

自我形象欠佳不是在脑中偶然形成的。这是人们长时间的惯性思维的结果。但自我形象是可以改变的——真的。人们必须自律，每天至少得花几分钟的时间来改变自我形象。每天在日记里定下一个时间，专门用于培养强大的自我形象。相信我：只要坚持做到这一点，生活会彻底改变。

10. 缺乏思考

这是现代社会的通病——永不停歇的忙碌竞赛，做事前不会认真思考。这只会把事情变得更糟。失败者和成功者一样忙碌，但失败者采取的行动通常是在浪费时间。成功人士不会还没想好就匆忙采取行动，他们会仔细规划行动方案。

记得我问我的妻子凯瑟琳·艾斯曼（Kathryn Eisman），如何做到在期末考试排在班上第一。她说秘诀很简单：考试开始后，所有人都急着开始写论文，她会先花上 5 分钟时间计划要写什么，思考组成全文核心的论点和论据。下笔前的思考和规划对她的考试很有帮助，对你也同样适用。

深思熟虑是成功者的共同技巧，也是失败者经常忽略的地方。花几小时、几天，甚至几个星期的时间构思突破性的想法是取得非凡成就的关键。

有人认为，人只有在做事的时候才是有价值的，我们必须纠正这种观念。真正起作用的是认真的思考。

11. 缺少日常程式

这是人们失败的常见的原因之一。许多自我发展或高效能的书籍中也很少提到这一点。你可以拥有这世界上最好的梦想，可以开始向自己的目标进发——但倘若没有建立日常行为程式，很可能还没有实现目标就已经筋疲力尽了。

任何一个高效的成功系统都以行为习惯为核心。把一系列行动变成习惯，做事的时候就不会感到吃力，你每周都可以朝目标更近一步。但是，如果行动没有规律，只在有空的时候或是在完成其他任务的间隙才想到自己的梦想，那么进步将十分缓慢，动力也会被减弱。

12. 压力

压力远比我们想象的要危险。无数的疾病，破裂的人际关系，乃至抑郁症，背后的原因都与压力有关。压力也是导致失败的重要原因。

但是，永远不要忘记：人之所以有压力，不在于周围发生了什么事，而在于如何应对发生的事情。有时可能感觉不到，但实际上人们总是控制着自己的压力水平。规定自己不管发生了什么事，都要看到好的一面（不管事情可能有多糟糕）。规定自己每天晚上释放压力（如果不这么做，压力会越来越大）。规定自己每天腾出休息的时间，晚上和周末让自己放松放松。这是可以做到的，而且必须做到。如果任由压力在生活中肆虐、蔓延，那你的处境就极其危险了。

如果使用了我在书中概括的方法来缓解压力，大家就会看到压力水平明显下降。我经常使用这些技巧，所以我可以保证这些方法绝对是有效的。这些方法可以产生奇迹般的效果。在这个节奏不会放慢的社会里，把这些方法融入自己生活并从中受益，是每个人都应当而且是必须要学会的事。

13. 人际关系稀缺

没有他人的帮助，我们不可能取得任何显著的成功。顶尖的成功人士一定拥有一支一流的顾问团队帮助他们实现自己的目标。事实是，你也会和团队成员一样优秀。

人际关系不仅仅对职业成功非常重要，对生活上的成功则更加重要。生活不易，道路坎坷，有一个支持自己的人际关系网络十分必要。这些人会关心你，帮你渡过难关。而编织这张网络的秘诀就在于：你需要在这些人的情感银行账户中存入足够的资本，这样在未知的某一天需要提取存款时，他们就会十分乐意帮你。建立深厚的友谊，你很快就会建立起强大的工作伙伴和生活朋友圈的堡垒，这些人会给你提供帮助，助你实现梦想。

14. 缺乏毅力

关于成功人士的神话就是他们比别人更有天赋。但在大多数情况下这并不真实。事实可能不那么光鲜，其实大部分人能够走在别人前面，只是因为他们更努力，工作时间更长，做得更多，从根本上来说就是比一般的失败者坚持得更长久。通常情况下，成功人士和失败者之间唯一的区别就是成功人士有极其顽强的意志力，这种意志力促使他们不断向前，直到取得成功。

我们的社会和教育制度应该加大力度强调毅力，而不是天赋的作用。在性格培养方面，我们应该把培养坚韧的毅力放在首位，因为最终人们会发现，在那些辉煌故事的背后，成功的真正秘诀仍然是脚踏实地，坚持不懈。

所以努力前进吧，再多走一步，让坚持不懈成为自我形象中的一部分，你会看到自己可喜的变化。

15. 对金钱的痴迷

物质主义盛行，在许多国家正呈现出快速恶化的趋势。太多的人沉迷于赚更多的钱，而不是满足于已经拥有的一切。虽然我们所拥有的东西已经很多了——研究表明，发达国家人均实际财富自 20 世纪 50 年代以来有了戏剧化的增长。作为一个社会群体，我们的富有程度是前所未有的。问题是，我们的期望值也提高了，所以我们的要求也比原来更多。无休无止地获取更多的东西，实际上会让人产生挫败感。

别误会我的意思——我完全赞成追求财富。但如果你的一生都围绕着积累财富，那绝对是一条悲惨的人生道路。最新的有关幸福的研究有力地证明了这一点：将金钱或名声放在人生首位会让人不够开心和健康，很少参与群体活动，自尊心也不够强。如果这都不算失败的人生，我不知道什么才是。

所以，不要在物质主义的诱惑中沦陷。几乎所有的研究都显示，如果在生活中建立良好的人际关系、固定的社团，帮助他人，对人心存感恩，比起拜金者，你将拥有更愉快的生活。

16. 没有专注强项

你很特别，你具有的各种能力是这世上任何人都无法比拟的。同样，你在某些方面也很差劲，毕竟没有人是完美的。与其耗尽心力转化劣势，还不如以优势为中心来设计自己的生活（尽自己最大努力），这才是更明智的选择。

大多数人不是这么做的。他们每天的工作只有可怜的时间的工作是利用了自己的优势，大部分时间都是做一些自己不太擅长或者非常不擅长的事情。

现实情况是，你显然无法用一整天的时间做那些自己擅长的事。但是做得越多，生活就会越成功，也会越快乐。

要知道人生是短暂的。不要把时间都用在自己既不擅长、也不喜欢的事情上。任何人都能重新创造自己的人生，做更多事来丰富自己的生活，提高自己的素养，做更多自己擅长的事，你需要转变一下目的思维方式。

改变的方案

这些就是普遍存在的导致人们失败的 16 个原因。看看身边没有成功的那些人，就会发现他们身上显露出来的失败的迹象不止一两个。很多人已经形成了失败定式。

不过，即使大家已经显露出好几个毛病，也别对自己太苛责——在人生的不同阶段，我们总会有些毛病，这在所难免。但不能让人接受的是，在发现问题之后还不采取措施解决导致失败的问题（我曾经就这 16 个妨碍成功的原因接受过采访，如果想观看采访视频，可访问网址 www.whypeoplefail.org）。

这 16 个原因中任何一个都不是无法改变的——绝对是可以修正的。

摆脱这些毛病的方案也很简单：

1. 找出自己身上可能导致失败的原因；
2. 设计固定的步骤克服这些毛病；
3. 每天都做一点使自己更接近成功的事，哪怕这件事微不足道。

如果能够遵循这套方案，长远来看，失败一定会远离你的。我认为上帝创造生命的目的不是要让我们失败，谁都希望我们成功和快乐——对此我深信不疑。但人生从来就没有说明书，我们必须自己学会如何取得胜利。这是我们都必须面对、无法逃避的挑战。

学习如何取得成功有时是很艰难的，但要遵循的法则却并不复杂。你要相信自己、每天帮助他人、说真话、关心他人、勤奋努力、保持健康、对人感恩、追求卓越、与更高层次的人群建立关系、不断学习、享受乐趣。对我来说，这些就是成功生活的全部。

当然，如果忘记这些法则，难关自然就出现了，而且很容易集中爆发。我们必须想尽一切办法时刻牢记这些法则，每天能够看到、思考这些法则，把这些法则与日常生活融为一体，你就能记住它们——你也会因此受到幸运女神的眷顾。

这是你的任务，也是我的任务。生活要有清晰的脉络，重视重要的东西。花点时间思考自己的生活过得如何，不动声色地调整和改进。这既是个体力活儿，也是个脑力活儿（通常是精神上的活动）。道理很简单，如果不花时间去照料你的心灵花园，那么花园里一定会长出杂草。要保持心灵的纯净、健康和乐观也不必太费神，重点是必须每天坚持，必须养成习惯。

坚持自我发展

物质世界的生活正飞速发展。社会也在以前所未有的速度向前奔驰。大家也要保证自己的内心世界不断发展，否则物质世界的喧嚣会让你觉得自己太落伍了，失去对生活的掌控。

我们生活在历史上一个美好的时代：绝对贫困的现象在减少（有数据可以证实），世界大体上是和平的，全球许多国家正由发展中国家朝发达国家转变。总之，世界形势发展向好。

更重要的是，我们对蕴藏在每个人身体里的潜力的认知正在飞速发展。我真切地觉察到我们已经到达人类意识的临界点。所有人都开始意识到人类所拥有的巨大潜能。科学家、精神大师、思想研究者以及我们自身的经历，每天都显示出让我们变得更好、更睿智、更强大、更健康、更快乐的潜能。渐渐地，我们发现，每一个人都真的很特别。

随着讨论接近尾声，我给大家留下以下的思考。

即使一千年以后，人类也不能完全揭示蕴藏在每个人体内的巨大潜能。我们不仅仅超越了对自己的想象，甚至比许多人最疯狂的想象还要优秀得多。我相信在每个人的内心深处，自己就是超人。人生最大的挑战不仅是赚钱、享乐、死去，而是探索内心，将自己的洪荒之力释放出来。

人们能做到的最能改变生活的事情之一就是改变自己的人生的目标，从获取和享受变成开发自己更高级的人类潜能。我相信，这是人生最宏伟的冒险，能带来超乎想象的巨大财富。

我决心用自己最简单的方式在这条康庄大道上不断前进。

你要一起来吗？

译者后记

WHY PEOPLE FAIL

The 16 Obstacles to Success and How You Can Overcome Them

在接到《成功的要素：打破失败定式的 16 条法则》一书的翻译任务时，我心里充满了期待。一方面，作为一个热爱翻译的人，恰逢暑期有机会继续我的翻译理想；另一方面，借着翻译的机会，我可以深入地阅读西蒙·雷诺兹的文字、领悟他的思想。

西蒙·雷诺兹是全球知名的商业导师，曾在商业和职业成功学领域多次获奖，他常常就卓越的工作效率和效能、个人发展体系发表演说。他的语言文字简洁，用生动鲜活、浅显易懂、富含哲理的实例，详细阐述了如何规避失败、获得成功。当很多专家强调减少“短板”效应来实现成功时，雷诺兹却另辟蹊径，强调人们要想成功，就应该“专注自己的强项”。

我很感谢出版社给我这个机会。因为翻译的缘故，我必须拿出较之普通读者百倍的心思来研读书里的文字，探究作者的背景，乃至尝试将作者所提建议应用到自己的生活、学习和工作中，体会如何规避潜在的失败。当我静心研读、揣摩原作者的思想时，真切地感受到，对于任何一个人来说，要想把生活过得像花儿一样幸福，要想在经历崎岖坎坷、暴风骤雨后仍然能够骄傲地成长、实现自我发展，雷诺兹的建议都值得认真去思考和实践。

如果拿起这本书的你正经历着对生活的迷茫和困惑，不妨听一听西蒙·雷诺兹的建议。16 条黄金法则，不只是描述为什么会失败，还有如何取得成功的建议，不止一条可以帮到你，我坚信！

最后，借此机会，我要感谢浙江工商大学外国语学院的李丹老师，正是她牵线搭桥，才让我有机会再过一把翻译的“虐瘾”；同时也要感谢湖北师范大学外国语学院口译团队的陈帮若同学，在我忙得不可开交的时候，协助我查询资料，完成第 12、13、15 章的初稿；最后还要感谢我的儿子土豆，在那些我翻译书稿的夜晚，他就静静地陪在一旁看书或者睡觉，默默支持着我，让我安心。

万丽

于湖北师范大学人文大楼

北京阅想时代文化发展有限责任公司为中国人民大学出版社有限公司下属的商业新知事业部，致力于经管类优秀出版物（外版书为主）的策划及出版，主要涉及经济管理、金融、投资理财、心理学、成功励志、生活等出版领域，下设“阅想·商业”“阅想·财富”“阅想·新知”“阅想·心理”“阅想·生活”以及“阅想·人文”等多条产品线。致力于为国内商业人士提供涵盖先进、前沿的管理理念和思想的专业类图书和趋势类图书，同时也为满足商业人士的内心诉求，打造一系列提倡心理和生活健康的心理学图书和生活管理类图书。

阅想·商业

《商业模式创新设计大全 :90% 的成功企业都在用的 55 种商业模式》

- 未来，公司的竞争优势将不再基于创新型产品和工艺流程，而是基于创新型商业模式；
- 作者深入研究 50 年来最具革命性的商业模式创新案例，详尽解读世界上最赚钱的 55 种商业模式，帮助你打破一切常规，对现有商业模式进行重组和创造性模仿，为创造新的商业模式酝酿灵感利器，找到适合你的企业的商业模式。

《对话最伟大的头脑：世界顶级 CEO 的工作智慧》

- 当今最受敬重的获奖财经记者之一、彭博电视台金牌主播、深受华尔街人士喜爱的《遇见大咖》节目（*In the Loop*）主持人贝蒂·刘的真诚力作；
- 近距离采访如沃伦·巴菲特、埃隆·马斯克、马克·扎克伯格等世界知名亿万富豪、CEO、政治家和名人，从而深刻揭示到底是什么决定了一个人的成功。

《精简：言简意赅的表达艺术》

- 在当下信息爆炸、注意力缺失的时代，人们迫切需要精简的表达和沟通方式，如果你想得到更多，就要说得更少；
- 企业管理者、营销人员、企业家以及所有想要成为一名精益沟通者的个人必读之作；
- 精简就是帮自己和他人节省时间和资源，并将省下来的时间和资源花费在美好的事情上。

《精进：成为职场精英的 14 项修炼》

- 要想从芸芸众生中脱颖而出，成为人人艳羡的精英人士，建立起自己的权威和声誉，让客户趋之若鹜，商机接踵而至，唯一的捷径就是学习、学习再学习，不仅要学习如何提升专业技能，更要学习自我营销和个人品牌塑造的方法；
- 针对职场专业人士的 14 项精进修炼，助你在日趋标准化、同质化的职场环境中成功突围，进行有效的自我营销，塑造个人品牌，步入精英行列。

《凿开公司间的隔栅：共享时代的联合办公》

- 随着科技和生活方式的改变，促使工作及创业正经历着工业革命以来前所未有的转型，适合创业者、自雇人群和新生代职场人工作需求的新型工作场所——联合办公空间在世界各国粲然崛起；
- 本书是中国联合办公领域第一家独角兽企业掌门人毛大庆倾心之作；
- 真格基金创始人徐小平、财经作家吴晓波、场景实验室创始人吴声、罗辑思维创始人罗振宇领衔推荐。

Why People Fail:The 16 Obstacles to Success and How You Can Overcome Them

by Siimon Reynolds.

ISBN: 978-1-118-10617-4

图书在版编目（CIP）数据

成功的要素：打破失败定式的 16 条法则 /（美）西蒙·雷诺兹（Siimon Reynolds）著；万丽译 . -- 北京：中国人民大学出版社，2017.6

ISBN 978-7-300-23922-4

Ⅰ . ①成… Ⅱ . ①西… ②万… Ⅲ . ①成功心理—通俗读物 Ⅳ . ① B848.4-49

中国版本图书馆 CIP 数据核字（2017）第 010229 号

成功的要素：打破失败定式的 16 条法则

【美】西蒙·雷诺兹　著

万　丽　译

ChengGong de Yaosu: Dapo Shibai Dingshi de 16 Tiao Faze

出版发行	中国人民大学出版社		
社　　址	北京中关村大街 31 号	**邮政编码**	100080
电　　话	010-62511242（总编室）		010-62511770（质管部）
	010-82501766（邮购部）		010-62514148（门市部）
	010-62515195（发行公司）		010-62515275（盗版举报）
网　　址	http://www.crup.com.cn		
	http://www.ttrnet.com（人大教研网）		
经　　销	新华书店		
印　　刷	北京中印联印务有限公司		
规　　格	170mm×230mm　16 开本	**版　次**	2017 年 6 月第 1 版
印　　张	12.5　插页 1	**印　次**	2017 年 6 月第 1 次印刷
字　　数	180 000	**定　价**	45.00 元
